A PELICAN INTRODUCTION

A Farewell to Ice

最 后 的 冰 川

[英] 彼得·沃德姆斯 著　李果 译
PETER WADHAMS

上海文艺出版社

1. 1970 年 8 月，加拿大科考船"赫德森号"缓缓驶离多年冰遍布的阿拉斯加北海岸。（从科考船的直升机上俯瞰）

2. 2014 年波弗特海南部一处典型的融化海冰，摄于搭乘美国海岸警卫队破冰船"希利号"的一次考察途中。

3. 冬季海冰裂缝中的烟雾状水蒸气，格陵兰海。

4. 冬季积雪覆盖下的平缓单年冰的典型景观。冰体厚度在 1～1.5 米。图中右侧为重新冻结的裂缝，海冰从该处生长成类似其余部分冰盖外观和厚度的样子。北极现在常能见到这种景观。

5. 以及6. （上图）2003 年冬季，北冰洋斯瓦尔巴北部叶尔马克高原的一处考察营地。次日清晨冰体出现了裂纹。（下图）几个小时之内，裂缝迅速张开并扩大，与原来的帐篷相互对照的裂缝尺度。

7. 波弗特海上形成时间为一周的压力脊，2007 年 4 月。

8. 小型自助式水下航行器的多波束声呐装置绘制的波弗特海中同一个压力脊的图片。色标以米为单位。红色圆圈区域为潜水员考察过的地方（见小图）。

9. 格陵兰海上发现的漂浮搁浅冰山，2012 年 7 月。图中可见的山顶黄色基站用于生成冰山脊的扫描图片。

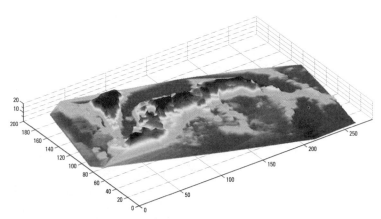

10. 皇家海军舰艇"夜以继日号"上的多波束声呐装置绘制的多年冰压力脊图片，2007 年 3 月。距离和高度以米为单位。

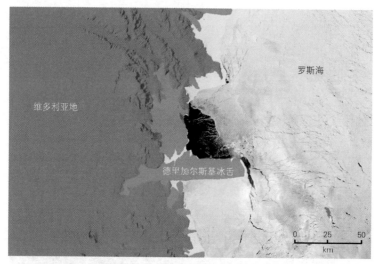

11. 罗斯海中的特拉诺瓦湾冰间湖，2014 年 10 月。图中暗处为冰间湖中的开阔水域，其部分区域被重力风从附近的冰架上吹来的白色条状云层覆盖。

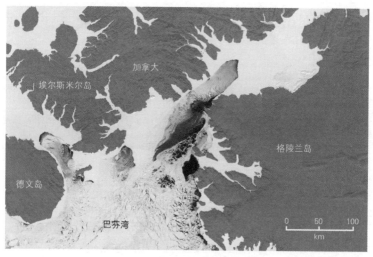

12. 格陵兰岛和埃尔斯米尔岛之间的北方水塘冰间湖，2015 年 3 月。

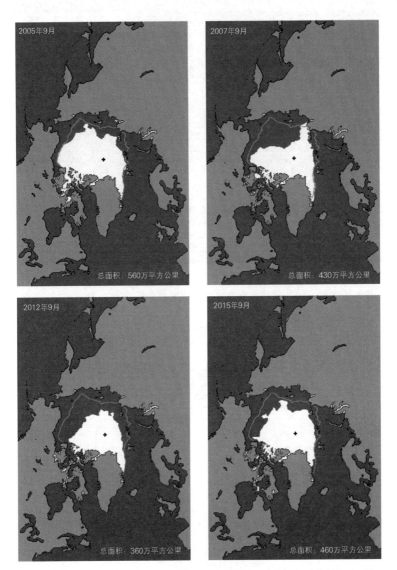

2005年9月　总面积：560万平方公里

2007年9月　总面积：430万平方公里

2012年9月　总面积：360万平方公里

2015年9月　总面积：460万平方公里

13. 2005 年、2007 年、2012 年以及 2015 年北极海冰面积图。红线标出部分为（过去）9 月份海冰的长期平均范围。

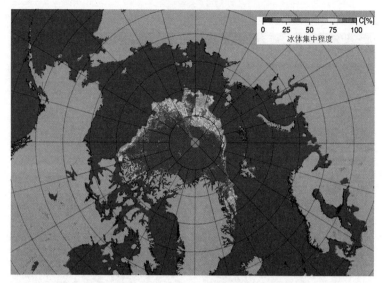

14. 不莱梅大学得出的 2012 年 9 月中旬北极冰体覆盖范围及其集中程
度，图中显示出冰缘线附近海冰集中程度非常低。

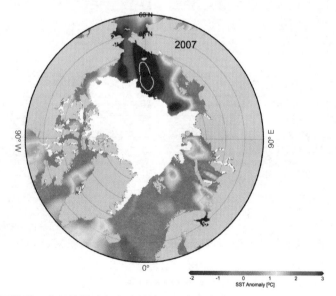

15. 西伯利亚北部海域冰架上空的海面温度轮廓线，2007 年夏季。

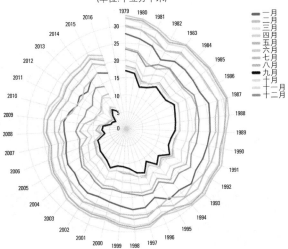

跨北冰洋建模与一体化系统采集的北极海冰体积数据
(单位:千立方千米)

一月
二月
三月
四月
五月
六月
七月
八月
九月
十月
十一月
十二月

16. "北极死亡螺旋"。图中所示为 1979 年以来北极冰体容量逐月变化情况，从图中可见，不断减少的冰体容量像螺旋一样朝图中央移动。

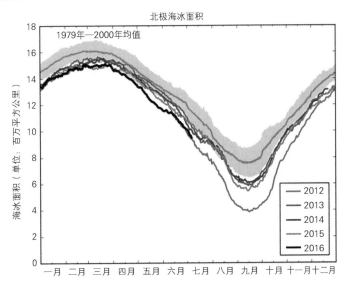

北极海冰面积

1979年—2000年均值

海冰面积（单位：百万平方公里）

2012
2013
2014
2015
2016

一月 二月 三月 四月 五月 六月 七月 八月 九月 十月 十一月十二月

17. 北极海冰面积的季节性周期变化。灰色带及其中部的均值曲线代表了 1979 年—2000 年间海冰面积的变化范围，之后，海冰的消退变得更加迅速。

18. 夏季海冰中的融水池，部分融水池直接形成了北冰洋中的融洞。

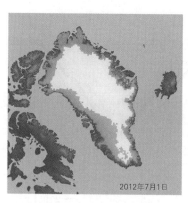
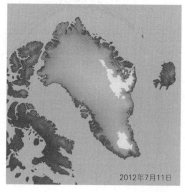

2012年7月1日
2012年7月11日

19. 2012 年 7 月格陵兰冰盖顶部的极端融化事件。卫星检测到的整个蓝色阴影区域都处于融化之中。

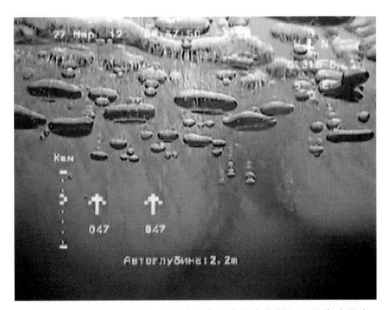

20. 海冰底部呈扁平化外观的甲烷气泡。背景中依稀可见的海冰厚度为2.2米。

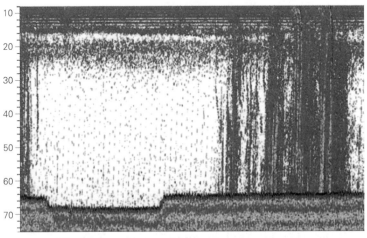

21. 声呐装置测得东西伯利亚大陆架70米深处海域中的上升甲烷羽流。

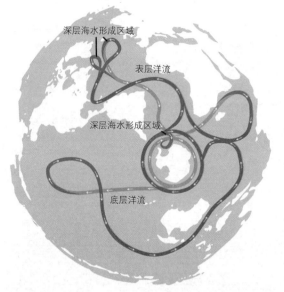

深层海水形成区域

表层洋流

深层海水形成区域

底层洋流

22. 全球热盐洋流循环，又称"全球传送带"，图中显示该洋流表层和底层组成部分以及深层海水形成的地方。

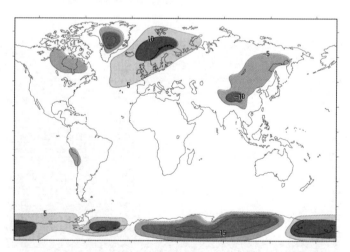

23. 世界气温异常曲线图，图中显示的是某区域所在纬度气温均值，1999 年。欧洲北部和西部的高温异常由墨西哥湾流运输的暖流以及热盐洋流循环的大西洋部分共同造成。

24. 奥登冰舌中的饼状冰，格陵兰海中部区域。图中船只正在采集较厚的多年饼状冰。

25. 人们用波浪浮标研究较薄且形成时间较短的饼状冰。

26. 冬季的奥登冰舌，1997年。红色部分表示来自北冰洋的厚重极地海冰。蓝色和黄色代表该区域形成时间更短的海冰，它们以饼状冰的形式形成于奥登冰舌区域（见小图）。

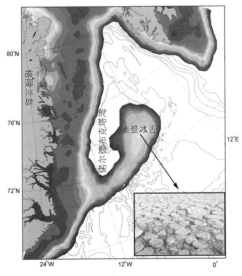

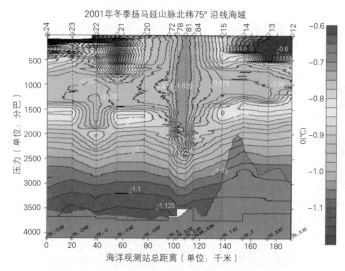

27. 彩色插图 24 中所示的大洋烟囱的温度截面图，本图也显示了它左侧近处一个更小的大洋烟囱（以分巴为单位的压力线几乎与图中以米为单位的海水深度一致）。

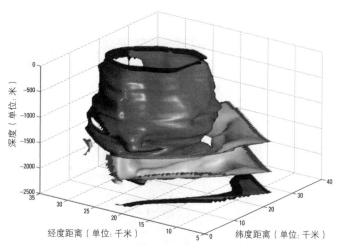

28. 格陵兰海域冬季大洋烟囱的温度结构。烟囱顶帽根据 −1℃ 等温线绘制。请注意该烟囱极深的下沉深度（2500 米）及其完美的柱状结构。（它径直穿过了温度稍高的暖水层，后者温度为 −0.9℃，标记为黄色。）

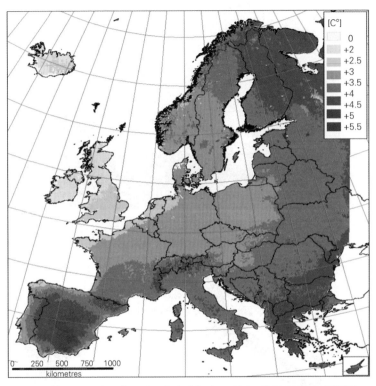

29. 到 2100 年，欧洲范围的温度上升幅度，欧洲环境署 2008 年预测图。

30. 斯蒂芬·索尔特设想的海上云层增亮喷雾船。它们被用作向云层注射水粒子的基地，其动力由 3 个弗莱特纳转子提供。

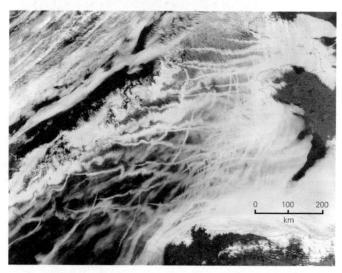

31. 北大西洋东部海域（北纬44°~50°，西经5°~15°）航海轨道上的冷凝轨迹。人们认为它们可持续数天时间，这意味着某些海上云层能通过船只播种云层的方式得以加强。

目录 | Contents

谨以此书纪念我的北极老友

比尔·坎贝尔（Bill Campbell）

马克斯·库恩（Max Coon）

诺曼·戴维斯（Norman Davis）

莫伊拉和马克斯·邓巴（Moira and Max Dunbar）

杰夫·哈特斯利-史密斯（Geoff Hattersley-Smith）

沃利·赫伯特（Wally Herbert）

林恩·刘易斯（Lyn Lewis）

雷·劳里（Ray Lowry）

诺布奥·奥诺（Nobuo Ono）

埃尔基·帕洛索（Erkki Palosuo）

戈登·罗宾（Gordon Robin）

桑斯坦·斯特凡森（Unsteinn Stefánsson）

查尔斯·斯威辛班克（Charles Swithinbank）

诺伯特·恩特斯坦纳（Norbert Untersteiner）

托马斯·菲霍夫（Thomas Viehoff）

序

　　彼得·沃德姆斯从事极地研究工作已 47 年，在此期间，他观察并测量了极地海冰性质的重要变化。在本书中，他首先简要回顾了地球的历史以及陆地、海洋上冰体的变化过程。接着，他描绘了冰川在自己职业生涯中发生的重大变化。面积 800 多万平方公里的北极夏季海冰减少了一半以上，沃德姆斯据此估计北极即将迎来无冰的夏季。

　　海冰的融化并不仅仅是我们这个世界偏远地方发生的奇特现象：它会让地球反射回太空的太阳辐射比例从 60% 骤减至 10%，从而令行星地球的变暖周期加速。自上个冰期以来安然无恙的冰冻海底沉积物现在则开始向大气中释放甲烷羽流——甲烷是十分强有力的温室气体。《最后的冰川》不仅是当今北极状况的权威报告，它也及时地警醒世人北极海冰消失所带来的全球威胁。

沃尔特·芒克

斯克里普斯海洋学研究所，拉霍亚，加利福尼亚

第一章
CHAPTER I

导论：
蓝色北极

自 1970 年始，我的身份就是极地研究者。我有幸多年担任剑桥大学的斯科特极地研究所（Scott Polar Research Institute）主任一职。斯科特极地研究所为纪念罗伯特·福尔肯·斯科特（Robert Falcon Scott）上尉而建，它是各学科极地研究者汇聚的理想乐园，许多研究者都曾长期离开自己供职的研究机构，以便在斯科特研究所无与伦比的图书馆里潜心治学。20 世纪 70 年代到 80 年代的整个时期，我每年都会造访极地地区（通常是北极），有的年份甚至数次前往，为的是像我的欧洲、美国、俄罗斯和日本同事一样致力于理解海冰中发生的基本物理过程以及何种过程决定了它的形成、消融和漂移。研究人员对冰川的实地考察往往困难重重，有时甚至很危险，并且几乎很少有研究者会认为我们投入心血的研究对象——北冰洋——会在我们的眼皮底下发生改变。一开始，人们很难理解北极冰川的变迁机制。但它的确在变化。很幸运，在比较 1976 年至 1987 年间来自潜艇部门的冰川厚度调查结果，并发现在此期间冰川平均厚度减少了 15% 之后，我成为拿出北冰洋冰川变化确凿证据的首批研究者之一。这一研究结果发表在

1990 年的《自然》杂志上[1]，它进一步刺激了之后 10 年间展开的大量工作，这些工作表明，北极冰川变薄不仅确凿无疑，而且自 20 世纪 70 年代以来，其厚度已减少 40%。[2]真正重要之事也在逐渐发生。极地研究人员纷纷从自身的专业研究领域抽身出来，进而开始在更大的图景中考虑此事。他们已成为气候变化方面的专家，事实上也是气候变化研究领域的先驱，因为全球气候变化在北极表现得最为迅速和剧烈。

我自己于 1970 年夏天登上首次进行环美洲航行的加拿大海洋考察船"赫德森号"（Hudson）并因此首次进入北极，之后，便对极地海洋产生了兴趣。"赫德森 - 70 号"考察队于 1969 年寒秋离开新斯科舍省（Nova Scotia），当时它已南下经过了南极半岛、南冰洋、智利峡湾和广阔的太平洋。[3]那时，我们正准备完成之前仅有 9 艘船实现过的壮举，即穿越西北航道（Northwest Passage）。[4]这艘船可破冰航行，这也是此次航行的必要条件。在阿拉斯加北部和加拿大西北地区（Northwest Territories）的海岸线上，北冰洋的海冰与陆地相隔很近，留给我们通行的无冰水域仅几英里宽。有时，海冰一直蔓延至海岸，我们就不得不从多年集聚的密集海冰（彩色插图 1）中开出一条路来。最终，航行至西北航道中部时，我们不得不求救于政府的重型破冰船"约翰·A. 麦克唐纳号"（John A. Macdonald）。在那个年代，人们常常在加拿大北极区域和海冰较量。阿蒙森（Amundsen）曾于 1903 年至 1906 年，用了三年时间通过西北航道，第二艘通过这条航道的加拿大皇家骑警（Royal Canadian Mounted Police）纵帆船"圣洛奇号"则用了从 1942

年到 1944 年的两年时间。

现在，从夏季的白令海峡（Bering Strait）进入北极的船只面对的则是整个大洋的开阔水域。这片蔚蓝的水域一直向北延伸至北极附近。在本书出版之际，有可能——根据许多预测——北极点本身都会在迄今为止的 10 万年里首次一览无余。如今，西北航道已很容易通行，到 2015 年年底共计有 238 艘船通过该航道。与 20 世纪 70 年代的 800 万平方公里相比，2012 年 9 月的北冰洋仅覆盖有 340 万平方公里的海冰。就整个星球的变化而言，全部归结于海冰覆盖面积的变化可能夸张了。但我们的星球已经改了妆颜。我们都记得"阿波罗 8 号"上的宇航员为行星地球拍摄的第一张从月球背后升起的美丽照片，宇宙中这颗孤独而美妙的蓝色星球囊括了我们对生命所知的一切。照片上这个球体的两端为白色。如今，从太空往下看，夏天的地球北极看起来则为蓝色，而非白色。这一片我们一手造成的海洋曾覆有冰盖。重塑地球表面是人类的首要成就，这当然也是一个意想不到的成就，随之而来的则可能是灾难性后果。

情况实际上比表面看起来更糟。我的声纳测量结果显示，1976 年至 1999 年间，北极冰面平均厚度缩减了 43%。[5]这也说明了一些别的情况。过去，北极大部分冰体都会存在数年之久，它们又称多年冰（multi-year ice）。这些多年冰形成了崎岖而壮丽的地形，巨大的冰脊阻挡了探险者的道路，并一直延伸至海面以下 50 米左右（文中插图 1.1）。过去 10 年间，不断变化的洋流系统已迫使多数海冰漂流出北极，单年冰（first-year

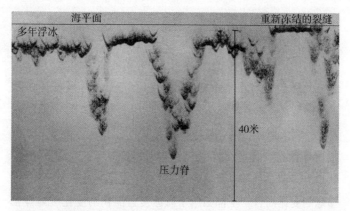

图 1.1：多年冰中的压力脊，由潜艇中向上扫描的声呐系统所记录。最大深度为 30 米。

ice，彩色插图 4）则代替了多年冰，这种海冰形成于一个冬季之内，最大厚度仅为 1.5 米，且仅有少数较浅的冰脊穿破了平坦的冰面。这种在单个冬季形成的较薄海冰会在单个夏季里由于更加温暖的空气和海洋温度而完全消融。不久之后，北极各地海冰在夏季的融化速度将超过其在冬天的形成速度，如此，现存所有的夏季冰盖都将消融。我们将迈入美国气候学家马克·塞勒泽（Mark Serreze）所谓的"北极死亡螺旋"（Arctic death spiral）时代。[6]正如我在第七章所解释的，在不久的将来，北极的九月将再无冰体，而这之后，北极无冰的季节将延长至 4 到 5 个月。

北极夏季海冰消融的后果将会十分严重。其引发的巨大影响有二。首先，一旦夏季海冰从开阔水域退缩，反射率（albedo）——直接反射回太空的太阳辐射比率——将从 0.6 降至

0.1，这将进一步加速北极和整个地球的变暖进程。之前400万平方公里冰面的消失给地球造成的变暖效应相当于过去25年人类排放二氧化碳造成的影响。其次，冰盖的消失也会让北极上空重要的大气调节系统荡然无存。只要部分冰块在夏季也能存在，无论多薄，海面水温也无法升至0℃以上，因为任何较暖的水体都会在融化其上覆冰层时丢失热量。上覆冰层消失后，表层海水的温度会在夏天上升数摄氏度（卫星观测显示为7℃），而浅层大陆架上海风引起的海水混合现象又将这种热量传递至海底。这一过程进而又会令近海海底表层的永久冻土解冻，它们是自上个冰河时期以来便冻结在海底未受干扰的海底沉积物。近海永久冻土的解冻又将引发大量甲烷气体从沉积物中分解的甲烷水合物中释放出来。每个甲烷分子造成的温室效应比二氧化碳高出23倍。前往东西伯利亚海（East Siberian Sea）的俄－美年度考察队已观察到从海底涌出的甲烷气体，其他考察队则在拉普捷夫海（Laptev）和卡拉海（Kara）等海域观测到了这一现象。如果这种释放过程导致大气中甲烷含量上升，它将直接进一步推动全球变暖进程。我写作此书是为了解释这些戏剧性变化，并说明北极冰川的减少，如何以及为什么对我们所有人都构成了威胁，而并非仅仅是世界遥远角落里正在发生的离奇变化。

自21岁起，我便将自己的整个科学生涯投身于海冰和极地海洋的科学事业。当我准备向这神奇的景观致以私人的告别时，冰川的改变于我又意味着什么呢？我不可遏制地感到，它对地球而言意味着智识上的贫瘠，对人类而言则是一场实实在

在的灾难。我们自己的贪婪和愚蠢正在夺走北冰洋海冰的美丽
世界，它曾保护我们免受极端气候的影响。如果我们试图保护
自己免受其灾难性后果，那么是时候采取紧急措施了。

第二章
CHAPTER II

冰：
奇妙的结晶

冰的晶体结构

为何是冰体在我们所在星球的能量系统中扮演着至关重要的角色，甚至在任何可能存在生命的星球都是如此呢？答案在于冰晶的独特结构，而这又源自水分子的独特性质，后者乃生命存的关键因素。

单个水分子（H_2O）具有几乎完美的四面体形状，也即一个三角锥体（插图 2.1）。水分子内部犹如一个小的太阳系模型，其中通常围绕质子旋转的电子由该质子和氧原子核共享，这一过程产生了所谓的共价键（covalent bond）。水分子中有两个这样的 H－O 键，它们构成了键角为 104.5° 的弯曲几何结构（正四面体则为 109.5°）。这个四面体由两对来自氧原子的电子对组成，它

非共价
电子对

O

H

共价电子对

H

图 2.1：水分子的四面体结构。

们仅与那些参与共价键形成的物质偶联。这些自由流动的液态水分子冻结成固态冰体时发生了什么？直到 1935 年，伟大的化学家莱纳斯·鲍林（Linus Pauling）阐明了固体冰的三维结构之后，我们才得以一探究竟。[1]

冰块的基本组成是从自由水分子中承继而来的四面体结构。每个氧原子位于四面体的中心处，且以 0.276 纳米（nm，10^{-9} 米）的间距与各顶部的四个氧原子键合。这些氧原子集中在一系列被称为基面（basal planes）的平行平面上。晶体单位晶胞的主轴或 C 轴则垂直于基面，整个结构看起来像蜂窝状或蜂巢状，由略显褶皱的六边形层级构成（图 2.2）。

这种结构导致了冰的非均质（anisotropic）属性，即它在不同方向上的性质有所不同。从能量的角度讲，冰晶在水分子

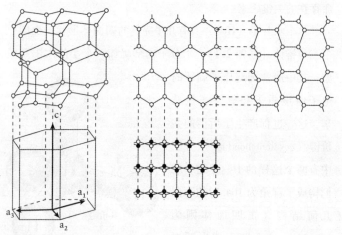

图 2.2：冰晶的结构，它展示了氧原子和氢原子呈褶皱蜂巢状排列。C 轴为对称轴，其他三个轴则组成了晶体结构的基面。

的冷冻过程中增长时，新的氧原子加入到已有的蜂巢表面比形成一整个新的基面更为容易，因为前者仅需创造两个而非四个新键。因此，冰晶沿着基面轴生长比沿着 C 轴更加容易——蜂巢中已有的基面就在与形成一个新基面相比的优先地位中逐渐增大。这些优先生长的方向即是云中蒸汽生长出的雪花晶臂①的方向，也造就了新冻结的海洋或湖泊表面的精美冰晶羽翼。对于理解海冰而言，最重要的事情之一便是，一大片处于基面优先增长方向上的海冰结晶会因冷冻而逐渐变厚。

窗户玻璃上薄薄的水层冻结并形成精美的冰饰后，我们便能很容易看到这些优先的增长方向。第一个冰晶的形成会以60°夹角在玻璃表面延伸晶臂，然后以类似树枝的新轴线填满剩余的空隙。每次延伸的角度均为 60°，晶臂的增长十分迅速——又称枝晶增长（dendritic growth），它来自古希腊语中的单词"树"。

这是地表温度和压力下的冰体结构；而在高压且接近绝对零度（−273.16℃）时，冰体则以更密集的形式存在——实际上有 17 种科学上已知的所谓多晶型物（polymorphs）。[2]地球表面正常条件下存在的我们熟悉的那一种则称冰－1h（ice 1h）。一些高压形式的冰体则很可能存在于远离太阳的地球内部深处，我们也能在实验室中重新制造它们。其他形式的冰体则存在于接近绝对零度的情况下。它们造成了外太空一些十分特别的现象。例如，冰体构成了大多数彗星的外层物质，并且将太

① 即基面轴线。——译注

空中的尘埃包裹，这让宇航员即便从地球大气层上方观测星星时也能看见它们的闪烁。天文学家弗雷德·霍伊尔（Fred Hoyle）曾提出，生命可能起源于太空中类似的微小颗粒，它们可能形成一个将分子紧密包裹在一起的基底，从而发生了最终导致生命的化学反应。欧洲航天局（ESA）的飞船"菲莱号"（Philae）对67P/丘留莫夫-格拉西缅科彗星（Churyumov-Gerasimenko）的精彩考察表明，随着彗星逐渐接近太阳，冰盖被加热，冰体也气化并以小股喷射的方式射向太空。

氧原子的网络经由氢键共价结合在一起，其中一个氢原子关联两个氧原子。每个氢键都有位于两个氧原子之间的氢原子，但每个氢原子的位置必定离其中一个氧原子更近些，这种偏好的决定则是随机的。每个氧原子附近都有两个氢原子，但每个氢键中只能有一个氢原子。根据这两条量子力学规律，氢原子可以任何方式排列。正是氢键的长度造成了冰晶的开放结构；当冰体融化，一些氢键遭到了破坏，这导致它们崩解为结构无序、杂乱随机的水分子，密度则高于固态冰。这种情况下的水分子十分与众不同，其固态密度比液态密度更低，这一点与金属不同。纯水的密度为1000千克每立方米（$kg\,m^{-3}$）——这是单位千克的最初定义——而纯冰的密度则为917.4千克每立方米。海水的密度高于纯水，通常为1025千克每立方米，因此海洋中的水和冰之间的密度相差约10%。这就是有10%的浮冰或冰山部分会突出于海面以上的原因。

人们会好奇，如果密度差反过来会发生什么，多数情况下，冰会在水中沉没。首先，湖泊、河流甚至大海将几乎全部冻结。一旦开阔水域上形成了任何冰体，比如海面受低温空气影响时，冰体便会径直沉入水体底部并堆积成一个冰层。所有海底生命都会消失，而湖泊底部的冰层则会变厚，直到冬天结束时湖面残留一层尚未冻结的水面，也可能整个湖泊都被冻住，由此，湖泊里所有的生命都会消失。海里也会发生同样的事情，虽然人们并不清楚一整个冬天的时间是否足够在大洋底部形成一层厚度足以填满整个大洋的冰层。自然，冰层的增长会很迅速：在我们的真实世界中，海洋表面会形成一层薄薄的冰层，这可以保护海洋免于进一步的冻结，但在我们假想的这个世界中，海洋则会在整个冬天不受限制地吸收大气中的寒气，并在海床上形成一层逐渐增厚的冰层。我认为没有人曾建模计算如此这般的海洋是否会冻结至海面，但如果的确如此，那么除了一些微生物之外的所有生命都会终结。海洋生命会在免于冻结的赤道大洋区域聚集；在较高的纬度地区，我们将只剩下蔓延至海底的坚固冰体。

其他一些事情也会有所不同。在现实世界里，水在冻结的时候会膨胀，所以，那些位于道路或岩石裂缝中的水会在其冻结的过程中膨胀，并给周围物质造成开裂的霜冻破坏。这种情况也不会发生在我们假设的世界中。此外，如果冰比水的密度更大，滑冰将变得不可能。在现实世界中，冰鞋给冰面造成的巨大压力降低了其融点，只有冰鞋底部的冰会融化并对其起到润滑的作用。如果水的密度比冰小，冰上的压力会提高其融点，滑冰就变得不再可能。

冻结和融化

让我们回到现实世界来看看较低温度的水。我们通常认为液体没有结构，其形态由随机分子彼此旋转和滚动而定。但冷却的液体具备冰体的某种小范围秩序，其中晶体状键合结构每次在分子组群中保持数秒或数分钟，直到被热运动破坏为止。就像繁忙火车站内的一群人试图聚到一起说话，但又不断被涌入的人群分开。这解释了淡水神奇的密度变化，它在 4℃ 的时候密度最大。这意味着如果高纬度地区的河流或湖泊在秋天的寒气中冷却下来后，其表面的水体会变冷并开始下沉（通常暖水比较冷的水密度更低），并被更深更暖的水体取而代之，这被称为对流倾覆（convective overturning）。这一过程会持续到湖中所有的水都冷却至 4℃ 为止。然而，除此之外，当表层水进一步冷却，就会因密度变低而滞留在湖泊表面，于是，对流停止。之后，表层水会快速冷却至 0℃ 并冻结，而湖泊更深处的部分则保持在接近 4℃ 左右的温度。所以湖面会在秋季迅速冻结，但冻结至湖泊底部的时间则长得多，多数时候，冬季结束的时候都没彻底冻上。

而海水则没有这种可达到最大密度的温度；它的密度会随着整个冷却进程增长至冰点。淡水中的盐度超过 24.7‰ 后就成了海水；大多数海水的盐度范围在 32‰ – 35‰ 之间，仅有少数像波罗的海这样的孤立海域以及靠近北极大河口附近区域的海域盐分低于 24.7‰。英语中表示"咸水"（brackish）的模糊语词——适用于有些咸而不像海水那样咸的水——在海洋学中则有严格的定义，因为它适用于盐度低于24.7‰的水，因此也具有会达到最大密度的温度。这意味着一定量的海水在秋季冷却后，对流倾覆会持续下去直到所有的水体都达到冰点。对一般的海水而言，其凝固点本身会因为盐分的存在而降至低于0℃的 – 1.8℃，而这就是为什么要在结冰的路面上撒盐。海洋表面发生冻结之前，唯一可防止海洋整个变冷的因素则是，海水由不同来源的不同类型的水层组成，这些水层都以不同的速度朝不同的方向流动。每一层海水都会发生迅速的密度变化（pycnocline，称为密度跃层），因此实际上对流倾覆只会影响到表层海水的底部——在北极，这又被称为极地表层水（Polar Surface Water），而它的下层则是大西洋海水，因为后者自大西洋抵达北极。

浮冰在水中漂浮意味着海冰在海面上形成了一个漂浮盖，它允许大洋环流得以在下面继续进行，海洋生命也得以在深海尤其是靠近海冰的地方（甚至就在其中）存在，植物类浮游生物（又称浮游植物，phytoplankton）则能在海冰处获得光合作用所需的阳光。例如，南极海冰的较低层就存在含有浮游生物的微小液体盐水通道，这些海冰每年的生物产量约占整个南极海洋年度生物产量的30%。

冰的另外一个关键特征则是其非常高的融合潜热（latent heat of fusion），具体为80千卡每千克（kcal kg^{-1}）。潜热是指融化一千克冰所需提供的热量，而非将一千克物质的温度升高1℃所需的热量，后者为比热（specific heat）。水的比热仅为1千卡每千克——这是卡路里最初定义的基础，即热量的标准单位，它是将 1 克水升温 1℃所需的热量（所以，水已被用作定义两种主要物理单位，千克和卡路里的基础）。但假设你仅需提供 1 千卡的热量来为 1 千克水加热 1℃，相应地，你则需要提供 80 千卡来融化 1 千克冰（即其潜热），这相当于加热同等质量的冷水至 80℃。这是一个巨大的反差。如果把两口锅（一个盛有 1 千克处于熔点的冰块，另一个盛有 1 千克 20℃的水）一起放在室温中的炉子上，并提供同等热量，则一口锅中 20℃的水开始沸腾之时，另一口锅中的冰恰好完全融化。

就星球层面而言，水的融合潜热的作用就像一个巨大的热水库，它是气候变化的缓冲器。一个重要的例子就是夏季的海冰：它会持续融化，但只要不完全融化，它就能保持其表面空气的温度接近 0℃（因为温暖的空气会融化更多的冰，并且在这一过程中冷却），并且也能让其下的水温保持在 0℃左右（较温暖的水会融化更多的冰，并在这一过程中冷却）。只要海冰持续存在，海冰将为夏季海洋提供有效的空气和水的调节系统。

海冰的形成

本书最为关注海冰在海洋中的形成过程。我们就在目前所掌握的冰分子和冰晶的特性的情况下，来考察一下海冰的产生和生长机制。我们首先考虑水在宁静无波浪条件下的冻结情况。由于冷空气会从水面吸收热量，水面的分子会开始冻结。这一过程产生了单独的冰晶层，它们最初为直径 2~3 毫米的微小圆形或星状冰晶，漂浮在水面。每个圆形或星状冰晶都带有垂直的 C 轴，圆形冰晶在水面上呈树枝状向外生长（即朝着六个彼此间隔 60°的方向向外生长），将其蜂巢层扩展为六度折叠的雪花状。然而，扁平晶体的晶臂非常脆弱，并且很快就会折断，留下的就是圆形冰晶和晶臂的混合物。这些随机形成的晶体阻碍了水面密度的增加，类似白色的泥浆或者"氧化镁"乳剂。这最初形成的冰层被称为碎冰晶（frazil）或凝脂冰（grease ice）。在宁静的环境下，碎冰晶晶体最终会冻结在一起，形成一个连续的薄冰层；在其最初的变化阶段又称为尼罗冰（nilas）。仅当其厚度为几厘米时，它才是透明的（暗色尼罗冰），但随着冰体的变厚，尼罗冰就会变灰，并最终形成肉眼无法看透的白色外观。一旦尼罗冰形成，海洋与大气就从物理上隔绝开了，冰晶也因此开始了另外一种十分不同的生长进程，其中的水分子开始在已经形成的冰层底部冻结，这一过程又称凝结增长（congelation growth）。在进一步的增长之后，单年冰便形成了，它在北极的单季能达到 1.5 米厚，在南极则为 0.5～1 米厚。在南极和那些波涛汹涌的水域，尼罗冰生长过程的持续时间则漫长得多，但它的气候作用却很重要（见第十一和第十二章）。

一旦连续的尼罗冰层形成，冰水接触面的单个冰晶便以水分子在其表面冻结的方式向下生长。具备水平 C 轴的冰晶比备垂直 C 轴的冰晶更容易实现这一冻结过程，因为向下生长可以通过扩展已有蜂巢状冰晶层的方式实现。因此，具有水平 C 轴的冰晶就以牺牲其他角度的冰晶为代价而增长，并且随着冰层变厚，它会以结晶达尔文主义（crystalline Darwinism）的方式将其他冰晶排挤出局。在经历 20 厘米厚度的生长之后，选择过程便会终结，胜出的冰晶会持续向下生长，并形成由具备水平 C 轴冰晶组成的、修长垂直柱状冰晶构造。即便用肉眼观察，这种柱状结构也是单年冰的惊人特征。你还能看到，这样的冰层很可能物理上很脆弱，因为它本质上是由一束朝向同一方向的冰晶组成。

　　那么，海水中的融盐又会发生什么变化呢？冰的晶体结构十分开放，但其不开放的一面则表现在其他分子或原子无法轻易地进入其中。因此，当盐水中的盐分增长时，盐分子无法进入到冰晶结构中。然而，盐分子却能以别的方式进入其中。生长中的冰水界面并非平整一片，而是由平行排列的被称为树枝晶（dendrites）的突起构成，其中每一排都代表了一些迅速生长的（即树枝状生长的）蜂巢状冰层，它们之间存在着水填充的狭窄凹槽。不时地，冰桥会在连续的突起之间生长，并以隔离盐囊（brine cell）的形式捕获进入到凹槽中的水分（插图 2.3）。[3] 很快，盐囊壁被冷冻，盐水会不断侵蚀盐囊壁直到剩下半毫米宽的、一小点不会冻结的高浓度盐水溶液。这些盐水的盐囊带有的盐分让单年冰尝起来仍然偏咸（与海水 32‰ 的含盐量相比，新冰的盐分含量为 10‰）。通过盐囊的移动、盐水的排出或者直接重力排水等机制，盐水会在冬季缓慢地从冰块中排出。盐囊也会移动，其原因是每个盐囊的顶部温度略微低于其底部，再加上冬季冰－水界面和冰－空气界面分别存在 −1.8℃ 和超过 −30℃ 这样悬殊的温度梯度。于是，盐囊的顶部会冻结，盐囊中剩余的水含盐量就变得更高，进而盐囊底部就

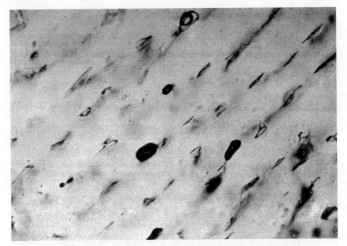

图 2.3：海冰中微小的盐囊。盐水层的间隔距离为 0.6 毫米。

会融化；整个盐囊则会带着盐水在冰层中向下移动。而当温度下降，盐囊行将冻结的时候，盐水排出机制就会发生；压力会在幸存的富含盐分的盐囊中积存并导致其爆炸，进而迫使盐水向下排出。重力排水机制则最为有效，它能起作用是因为冰体从冻结的底层不断生长，现有盐水蜂巢会被提升至水线以上，进而重力会让盐水在相互连通的孔洞中找到路径并从冰体底部排除。这些路径往往会像河流支流一样汇入被称为盐水排放渠的管道（brine drainage channels）中。当夏季来临，海冰顶部的积雪和部分海冰都会融化。淡水聚集在冰体表层的融水池中，这些融水通过冰体起到冲走大部分剩余盐水的作用，这一过程显而易见被称为冲洗机制。如果海冰在夏季得以幸存并进入到又一年的生长过程，它几乎就不含盐分了，尝起来也没有咸味，且更为坚固——这种类型的冰体则称多年冰，对破冰船而言，它往往成为比单年冰更为强大的障碍。

夏季海冰融化的重要性

我们将从气候变化的角度看到，融水池的形成过程十分重要。当新的降雪层在冬季覆盖海冰时，其表面会反射 80% ~ 90% 的太阳辐射，所以我们说其反射率（反照率）为 0.8 ~ 0.9。当积雪融化，剩余光秃秃的冰体可能覆盖有冬季积雪中累积的炭黑（black carbon，来自大气中的烟煤）等脏物，此时的反射率就降至 0.4 ~ 0.7；这一过程发生在 6 ~ 7 月，此时的太阳辐射在 24 小时的白昼和太阳照射的作用下达到高峰。如果表层光秃秃的冰体和融水池在夏季较早地出现，冰体额外吸收的辐射将会在削减冰体的过程中起到重要作用，甚至可能使其整个融化。许多北极科学家认为，这就是目前正在发生的事情，它会加速造成夏季海冰不可逆转的损失。

随着融水池不断变深变宽，它们最终可能从浮冰侧面经由现有的裂缝，或在冰体最薄点以及融水池最深处形成融洞（thaw hole）并排入大海。排出的水会形成一个数米深的低盐度海水层，进而环绕海冰底部并加速其融化。

海冰如何形成裂缝和压力脊

到目前为止，我们已经考察了海冰在热工过程（thermal processes）中如何形成和变化，及其在海面的生长和融化过程。然而，北极地区仅有半数体量的冰川以这种方式形成，其余的则经现有冰体的形变而成，即冰体堆积成线状压力脊，这一过程会产生被称为"裂缝"（leads）的开口。其产生过程如下。堆积的冰层因冻结而形成，并且会因其上层表面的风应力摩擦及其底部的水流驱动持续移动。这一过程会导致冰层基于盛行风而漂移的大致模式。例如，北极盆地的北美一侧就存在一个顺时针旋转的洋流系统，又称"波弗特环流"（Beaufort Gyre），而在欧洲北部聚集的海冰则来自西伯利亚海域，它们被北极往南向格陵兰岛的风吹动，其中的洋流又称"穿极漂流"。

驱动这些海冰的风应力在大范围内整合；据估计，紧致堆积的一块海冰对应着400公里范围的风力整合。因此，如果风力在大面积内变化，则会产生所谓的"辐散风场"（divergent wind field），从而导致辐散的应力——这种风力模式会导致冰盖撕裂。由于冰在拉力下几乎没有强度，所以这种辐散的应力可以打开冰体的裂缝，进而导致其扩大形成裂缝（彩色插图6）。在冬季，任何以这种方式形成的裂缝都会迅速冻结，因为大气（−30℃）和海洋（−1.8℃）之间的温度差异十分巨大。刚刚开启的裂缝所丢失的热量十分巨大（超过1000瓦特每平方米，$W\ m^{-2}$），以至于裂缝也随着裂缝开口处裸露的水面上的海上蒸汽雾（彩色插图5）一同散发开去。自然地，一个新的冰盖会在数小时内通过生成尼罗冰的方式快速形成并抹平这个开口，进而消除蒸汽。当后续的风应力场变得收敛时——也即它会将浮冰的边缘聚拢在一起——重新冻结的裂缝处的新冰则成为冰盖中最脆弱的部分，并且首当其冲被挤碎并形成了水线上下方的碎冰堆。这种线性形变特征（就像一个长长的炉渣堆）就被称为压力脊（pressure ridge）（彩色插图7），水面以上部分称为帆（sail），而（更大的）水下部分则被称为龙骨脊（keel）。北极地区的龙骨脊可深达水下50米，尽管多数为10～25米深，而每100公里的距离才能看到深度为30米的龙骨脊。龙骨脊的深度一般为帆高的4倍，宽度则为其2到3倍，因此，压力脊附近明显尚未变形的冰块底部则可能带有部分龙骨脊；这是因为冰块克服浮力下沉比克服重力上浮更为容易。

北极的海冰压力脊对整体海冰质量有重要贡献；其平均贡献率为40%，沿海地区则为60%以上。压力脊起源于简单的线性堆积的冰块，但随着冰块冻结在一起后压力脊就变得更坚固，以至于数年之后，压力脊就像伤口的结痂一样坚固得可匹敌甚至超过其周围尚未形变的冰体。正是多年冰厚重坚固的冰脊，让除了少数最重型破冰船之外的任何破冰船都无法通过。然而，单年冰不仅更薄，而且其压力脊也没有时间以上述方式紧致地结合，所以单年冰脆弱得多，且对于加强型船体而言也不算什么障碍。

而南极地区的海冰压力脊则比北极浅得多，通常不到6米。原因在于，南极海冰本身在一年的生长之后所能达到的深度（通常为0.5～1米）比北极的浅（通常为1.5米）。风的应力可直接折弯这些较薄的冰层，而不必首先形成裂缝并将其撕开。因此，压力脊中的冰块厚度通常与其周围的浮冰类似，并且前者也没有通过逐渐破坏重新冻结的裂缝而形成深度压力脊的机会。而南极压力脊对海冰整体质量的贡献似乎也较小，可能仅为 30%～40%。对南极海冰的进一步讨论见第十二章。

浅海中的冰

冰块通常在靠近海滩的最浅水域形成，因为此处的大气仅需冷却并冻结薄薄的一层海冰。这种海冰被称为岸冰（landfast ice），或者称为固定冰（fast ice），因为它直接冻结至海底。在离岸超过一个或多个潮汐间隙的远处，海冰则处于静止的漂浮状态，这一点主要源自其本身的搁浅特征。它们通常是被海风吹到近岸浅海中搁浅的浮冰压力脊。新冰会在这些搁浅的压力脊周围形成，这一整片区域被称为固定冰区域，这一冰区会一直延伸至最深的搁浅压力脊同等的深度，通常为 25～30 米。

然而离岸冰仍会漂移，在其搁浅并完全静止之前，搁浅压力脊的顶部会在海底沉积物中挖出长长的海槽，这一过程叫做海冰冲刷（ice scour）。1970 年夏天我乘坐"赫德森"号首次造访北极的时候就发现了海冰冲刷现象。当时，加拿大地质调查局的一支队伍正用船只拖拽一台侧扫声呐装置，它会发出扇形声束来绘制海底地图，并反映出任何可能的障碍物。我们都预计泥泞的近海区域的地图是平整的——即一大片平整无奇的淤泥带。相反，我们在海底看到了一系列杂乱的狭窄海槽，仿佛一位醉酒农夫的作品。这是一种相互交织的迷人线条模式，有些像钢模一般笔直，其他的则卷曲成圆形或螺旋形，就像倾斜的日本禅意花园。原有的槽线被新的槽线覆盖。我记得自己冲到主要的回声测深仪处时，发现穿过船只轨道的每个冲刷痕迹在海底都呈现出小凹痕状，大约 2 ~ 4 米深。我们立刻意识到，这些冲刷痕迹一定是由嵌入冬季冰盖中的压力脊造成的，并且风力和洋流都会沿着海底拖拽这些浮冰压力脊直到其完全停止。山峰状的压力脊的作用方式就像复式犁（multiple plough）。冲刷痕为北极浅海区域的近海管道及海上探井规划设置了不可预见的危险。

更为彻底的海冰冲刷考察显示，冲刷痕会延伸至超过压力脊能够形成的海水深度，有时甚至达到 65 米深的水底（正如我说过的，压力脊绝少超过 30 米）。人们想到的解释便是，它们是上个冰期或稍晚时期的冲刷痕迹，因为海水被冰盖锁住而导致当时的海平面比现在更低。由于缺乏浮游生物（它们的细小硬壳会大量沉积在海底），北极水域的沉积物堆积速度非常缓慢，这意味着那些古老的冲刷痕迹一直保存至今并仍未被填满。

20 世纪 70 年代，科学家们将侧扫声呐考察活动扩展至更深的海域，他们发现拉布拉多海、巴芬湾、格陵兰岛和南极海域 150 ~ 300 米深处都存在冰山冲刷现象，其中一个漂浮冰山最深的水下山峰也已经划过了海底。令人惊讶的是，这也成为火星曾有地表径流的最初证据。我的朋友兼同事克里斯·伍德沃斯-莱纳斯（Chris Woodworth-Lynas，他在纽芬兰生活和工作）是一位冰山冲刷方面的专家，他在诸如加拿大北极地区的威廉国王岛（富兰克林的探险队消失的地方）等陆地上也发现了冲刷痕迹。该岛在上个冰期仍位于海底，来自附近冰川的冰山让弧形的冲刷迹象能被追溯到圆石遍布的沉积物中，这些沉积物后来堆积形成了现在岛上的可见地表。克里斯在 2003 年浏览火星表面照片时，获权使用了"旅行者"号（Voyager）飞船上的"火星轨道相机"，并看到了十分类似的冲刷模式。[4] 他与同事雅克·吉涅（Jacques Guigné）合作的论文为火星研究领域带来了突破。我们现在已经知道，火星上曾有过水，因而也可能有过生命，但这种观点在 2003 年仍属异端。冲刷痕迹表明，火星上不仅曾经有过流水，而且这些水还被定期冻结（也许仅在冬季），进而形成了冲刷过古代火星海底的冰山或冰脊。

浅海中的这些进程十分复杂。除了固定冰，静止冰体对快速移动的离岸浮冰的摩擦拖拽降低了后者的速度，并产生了所谓的剪切带（shear zone），该区域内的摩擦和压力能产生较深的压力脊，有时一片巨大的碎冰块杂乱堆砌的区域则被称为瓦砾场。这种过程的神奇产物就是一种巨大的孤立压力脊，以其俄罗斯名字搁浅冰山群（stamukha）而闻名。西伯利亚北部浅水区域发现的搁浅冰山群就很典型，它是一个很深的压力脊，在冬季搁浅并成为固定冰的一部分，但它在春季或夏季并不会脱落漂走，因为它搁浅的程度很牢固。其周围的冰块会破裂漂移，开阔的水域最终空留下一座孤立的圆顶冰岛。这座冰山可能十分脏，因而看起来像真正的岛屿，因为西伯利亚河流的融水会在早春向其排放污泥。它最终会从海底脱落并进入北冰洋，进而成为这些区域中船只和钻井设备的最大障碍。搁浅冰山群在浮冰中十分罕见，我自己有幸在 2012 年夏季的弗拉姆海峡（Fram Strait，位于挪威斯匹次卑尔根岛和格陵兰岛之间）

处找到并查看了一座这样的冰山。彩色插图 9 显示了搁浅冰山巨大的隆起表面因为混有多年的污垢和藻类而呈赤褐色。我向冰下发射了一艘自主式水下航行器（autonomous underwater vehicle），并用其搭载的多束声呐装置来描绘该冰山的草图。其 28 米的吃水深度足以让它在通常的剪切带中搁浅。

冰间湖

最后，极地海岸沿线即便在冬季也可能形成没有固定冰和成群压力脊的无冰水域。这些地区又称冰间湖（一个英语复数形式的俄语名称，polynyas），表"水池"意。它们可以许多方式形成，但比较常见的一种形成原因是盛行的离岸风所致。海风将新冰吹向大海的速度与其形成的速度一样快，剩余一片紧邻海岸的开阔水域，其可能延伸至数百公里之外。冬季，岸边的开放水域蒸发出霜冻烟雾，再远处的碎冰晶逐渐形成冰块，并被海风吹向外海直至撞到更重的离岸浮冰。南极洲的海岸线因为重力风（katabatic winds）的影响而被连续的冰间湖环绕：这种风在向下吹拂南极洲穹顶式冰盖的过程中会不断加速，最终它会以整合的形式吹过海岸高山的间隙进而吹向大海。每个山洞都对应着一座冰川，每座冰川也都会产生自己的冰间湖。冰间湖很常见，通常还有名字。彩色插图 11 就显示了罗斯海（Ross Sea）中的特拉诺瓦湾冰间湖（Terra Nova Bay polynya），意大利人，如今还有韩国人在该地都有基地，斯科特船长的北部探险队就曾被迫在该处的冰洞中度过了一整个冬天。

而北极的冰间湖则不常见，但它们也很重要。白令海的圣劳伦斯岛南侧就有一个冰间湖，因为该地冬季盛行北风，这让当地的因纽特人（Inuit）在整个冬天都能狩猎和捕鱼。而格陵兰岛和埃尔斯米尔岛（Ellesmere Island）之间则有一个著名的冰间湖，名为北方水塘（North Water，彩色插图12）；这种类型的冰间湖则以别的方式形成：因为风力和洋流驱使浮冰南下通过此处两岛之间的狭窄开口，这可能会导致开口堵塞，进而形成一个拱形障碍物，就像卡在漏斗中的湿沙子一样。洋流继续南下，浮冰则被卡在开口处，进而造成了一个冬季的冰间湖。另外一个反复出现的冰间湖则被称为东北水塘（Northeast Water），它被发现于格陵兰岛东北海岸，该处南下的北极浮冰群无法很快地在诺多斯伦丁根（Nordostrundingen）这个向外突出的海角南端"转弯"，这就为海角背风处留出了一块开阔水域。正是在这里，丹麦考古学家们发现了一个古代的木架蒙皮船（一种由皮革制成的敞口船）和一些石器工具，这表明，因纽特人可能千年以前便已经在这种偏远的极北区域（北纬81°26′）建造了狩猎定居点，很可能是因为这里生活着大量的北极熊和海豹。

本章简要总结了海冰的特性及其形成和发展机制。我们将看到，这种吸引人的物质是地球上最重要的东西之一，因为许多严重的气候影响都与它的消退有关。但在处理这些问题之前，我们先来看看地表上的另外一种冰体，即冰川和冰盖中的固态纯冰。它们也正在消失，尽管速度比海冰慢。

第三章
CHAPTER III

地球冰川简史

冰川初现

我们并不清楚冻结状态的水是何时以何种方式初次出现在地球上的。45.4 亿年前，地球从太阳星云（solar nebula）中刚凝结成形时还是一个温度极高的年轻行星，这个尘土和气体组成的圆状星体曾在太阳周围不断旋转以积累物质。事实上，地球的表面曾经处于熔化状态，部分在于火山活动，部分则由于现在仍停留在太阳星云中的大量灰尘和岩石的频繁撞击。而彼时的大气则由不含氧气的有毒气体组成。我们所知道的任何生命形式都无法在这种不宜居的环境中生存。然而，早在 38 亿年前（有些科学家认为是 41 亿年前），某种生命形式的确已经开始出现，尽管看起来地球表面那时已经凝固成形了，并且甚至有了某种液态水，但肯定没有冰。有趣的是，人们在西格陵兰岛发现的距今 37.6 亿年的某种石墨化石被确定为包含了地球生命的起源信息。当然，该地当时还并非现在的格陵兰岛，而是这些原始生物生活在其泥土层中的液体海洋。

从一开始我们所知的奇妙生命故事的一切都表明，液态水对生命的产生和延续都至关重要。水是活体细胞的主要成分。但是冷却过程中的地球上的第一滴水又来自何处？人们认为它是地球内部的排气作用和主要由冰体组成的彗星和小行星双重影响的结果。

早期的生命形式是微小的单细胞生物，这种生命形式一直延续到约 5.8 亿年前。因此，地球 80% 的生命史就是单细胞生物十分缓慢的演化史。随后，多细胞生命突然出现，演化开始加速，现在细胞的组合有无限可能，不同的生命角色有着不同的专长，然后器官和四肢也开始演化。我们无法回头查看这一过程。从单细胞到多细胞生命的关键步骤非同寻常，也耗时持久，因为能够进行光合作用的生物早在 2 亿年前便已出现——它们能吸收太阳辐射，并借助二氧化碳创造新的身体物质，同时释放氧气。从那时起，地球大气中的含氧量开始升高，对我们熟悉的生命形式也更宜居，比如陆地和海洋中的单细胞植物。

从地球形成到第一批多细胞生物出现的整个时期被古生物学家称为前寒武纪（Pre-Cambrian），它包含了 40 亿年的地球史。这段时期里，冰又在哪里？

冰雪地球悖论

古气候研究人员将地球的气候史粗暴地划分为"温室地球"（hothouse Earth）和"冰室地球"（icehouse Earth）等时期，前者代表地球气温明显高于现在的时期，后者指的是明显比今天冷的时期。地球有大约 75% 的时期处于冰室地球状态。

然而奇怪的是，似乎寒武纪之前的冰河时代比最近的冰河时期都要寒冷许多。我们所知的第一个冰期被地质学家称为休伦冰期（Huronian glaciation），或者更加难读的马克甘耶尼冰期（Makganyene glaciation），后者根据南非一处冰川沉积遗址而命名。这一时期距今 24 到 23 亿年，当时还不存在光合作用，大气中也并不富含氧气，彼时的地球环境对缓慢演化的单细胞生物而言十分恶劣。这个冰期的环境十分严酷，持续时间也远远超过最近的几次冰期，并且一定对地球上的生命造成过严重的负面影响。

正是这个冰期让一些科学家得出如下观点：地球上的海洋和陆地都被冻结，地表的高反射率，让它从空中看去呈白色。这就是所谓的"冰雪地球"（Snowball Earth），加利福尼亚理工学院的约瑟夫·基尔施文克（Joseph Kirschvink）于 1992 年首次提出这一概念时曾备受争议。[1] 这一概念现在已牢固地建立了起来，尽管并不是所有人都接受它。我们必须回答的问题是：这一冰期何时开始？地球又是如何裸露出来的？地球是一个雪球的时候看上去是什么样子？人们难以给出这些问题的确切答案，因为这些古代气候进程的证据难以找到，但故事可能以如下方式展开。

休伦冰期的太阳比现在黯淡。我们现在习惯去考虑"太阳常数"（solar constant），即从太阳抵达地球的年均辐射量，并将其作为仅有微小变化的真正常数（尽管如此，根据一些人的研究，这些少量的变化也足以引起气候变化）。但今天的太阳常数是太阳光度缓慢但稳定上升的结果，其光度每 10 亿年增加 6%。由于休伦冰期的太阳比现在暗淡 15%，23 亿年以前的地球就靠着大量二氧化碳和其他温室气体，比如活跃的火山活动释放的甲烷——而保持着（事实上比现在温暖）温暖状态。如果这些活动骤减，整个地球就很容易会陷入到比现在冷得多的状态。南非发现的冰川沉积遗址（这个冰期也因此得名）是该地还位于地球赤道附近时沉积的，这意味着这个冰期的影响遍布全球，因此，火山活动放缓的概念指的就是这种机制。当然，我们今天在赤道上也能看到冰川（比如在乞力马扎罗山上），但是，休伦冰期的冰川高度很低，这意味着当时的世界完全被冰雪覆盖。

对这一冰河时期的另外一个解释就是，事实上，第一批能进行光合作用的生物已经出现，并开始改变大气成分，也产生了更多的氧气。氧气与甲烷发生反应形成二氧化碳，二氧化碳本身就是温室气体，但其温室效力（每分子的温室效力为后者的 1/23）比甲烷小很多。因此，一旦这种游离氧出现，大气中大量的甲烷就会因氧化而减少。我们有个类似盖亚（Gaia）的生命事例，甲烷减少带来的降温效应逐渐改变了地球环境，尽管后续产生的冰河时代几乎不能说对生命有利。

冰雪地球上的生命是什么样，冰雪状态下的地球又持续了多久？冰雪地球在一定程度上是自我持续的。覆盖地表的冰雪让地球反射率增加到 0.8 左右（目前为 0.3），所以，大部分入射的太阳辐射将被反射回太空。结果，据估计，冰雪地球的平均温度可能在 -50℃ 左右，最暖和的赤道地区也是 -20℃，这的确不宜居。其中一个未知因素则是大洋上冰层的厚度。很可能其厚度能达 1 公里，这一厚度与今天的南极浮冰架相当，尽管前者形成于海上而非陆地。赤道地区的冰层则因为更高的温度而没那么厚，因此高纬度地区更厚的冰川就会朝赤道漂移，就像今天的冰川一样。但这是大洋中浮冰盖（而非陆地冰盖）的漂移现象。而人们估计赤道这样的中心位置的冰层厚度的范围在数百米到仅仅 1 米之间。这中间的差异很明显。如果冰层厚度为 1 米，则冰层中会有大量的裂缝和开口，海洋和大气之间就能交换气体和热量，更关键的是，海洋生物的光合作用也将继续，从而不断提升地球的含氧水平。并且火山活动也将继续，它能沿大洋中脊的水下喷发并通过热风孔道释放气体，从而将二氧化碳和甲烷重新释放到大气层。通过一两种这类机制释放的温室气体就能让温室效应达到足以消融冰盖的程度，这将把地球重新带回温暖状态。这一过程可能发生得非常快，数百万年的冰雪地球可能仅需 2000 年就会消融。多种形式的单细胞生命极具适应性，许多物种也都能在长期的寒冷中幸存。

随后的两个冰雪地球

上述第一个雪球的故事并不完整，同时它也是地质学家和气候建模者之间纷争的主题。但似乎地球的这种状态在间隔 15 亿年之后又重新出现，即 7.1 亿年之前出现的斯图特冰期（Sturtian glaciation）。二氧化碳被假定为这次冰期形成机制的主导因素。地球一直受到板块构造过程的影响，大陆和海洋的地壳岩石以板块的形式移动，其边缘因彼此倾轧而相互作用，而年轻的地壳则由来自地幔处的上升流体物质形成。恰巧7.1亿年前，冰川携带大陆板块一起移动，并在赤道及其周围形成了一个单独的巨型大陆板块，即盘古大陆（Pangea）。这加速了一种名为硅酸盐风化（silicate weathering）的进程，岩石中的硅酸镁与二氧化碳发生反应，进而在溶液中形成碳酸氢盐和硅酸（人们最近提议用这种方法减少大气中二氧化碳的水平，即把硅酸盐碎成小块撒在海滩上——见第十三章）。裸露出来的温暖的硅酸盐又加速了这一进程。它们也会变得潮湿，因为盘古大陆开始破碎成更小的碎片，随后形成新大陆，产生更多的沿海地形，岩石则被雨水侵蚀，而不那么靠近内陆的地带则往往形成沙漠。这两种效应之间的风化作用似乎会消耗二氧化碳，地球随之冷却，新的雪球又得以形成并持续了约6000万年。

6.35亿年以前，这最后的第三个雪球已经开始形成（马雷诺冰期），它开始于斯图特冰期结束之后不久（这两个冰期都以澳大利亚南部的地点命名）。这个冰期持续了600万至1200万年。人们再次认为二氧化碳和风化作用都曾参与其中，但也涉及许多其他的机制，包括阻止了太阳辐射的大量太空残片星云等天文机制。

冰雪地球的概念十分新奇，人们在这么大的时间跨度之后很难再找到其存在过的证据了，所以这整个想法都可能被证明为不合理。然而，事实并非如此，因为在前寒武纪时期，我们知道仅有三个大范围长期存在的冰期，即便它们并未造成雪球。这意味着自然状态下的地球在长期的时间跨度内并未冻结，事实上往往比今天还暖和，偶尔的冰期则意味着全球恒温器突然出现故障。自那以后，我们进入了过去600万年中冰期无休止重复的世界，这期间到底发生了什么？

向天文冰川时代过渡

过去6亿年地球演化的多数时间里，我们的星球都是"温室地球"，而非"冰室地球"。古气候研究是十分年轻的学科，世人仅恰当地检验过了地球过往巨变的少量证据，因此，我们无法确定过去这段时期里是否存在过可能为期较短的多个冰期。地球历史的图景仍然十分粗糙，但从整体上看，它在过去多数时间里的确都是温暖的。

本书与地质学无关，我们也并不试图查看地球气候变化的整个历史。我的主要关注点是思考冰体及其作用，并了解其影响行将终结时给我们的启示。但要做到这一点，我们的确需要考察地球史上二氧化碳水平上升十分迅速的其他时期，并就这种现象对地球意味着什么得出一些教训。气候史上的一个教训是，地球历史上没有哪个时期的大气中的二氧化碳含量上升速度比现在快。人类实际上正在进行一场全球性实验，其中包括了对自然系统前所未有的干预。

6500万年以前发生了一个重大的自然事件，即著名的K－T小行星撞击墨西哥尤卡坦半岛（Yucatan Peninsula）造成的一场全球性灾难。撞击产生的冲击波和潮汐波（tidal waves）遍及整个地球，大量尘土、岩石和粉尘随着爆炸进入大气，遮蔽了阳光，带来了死亡。这之后肯定出现过连续的寒冷冬天，

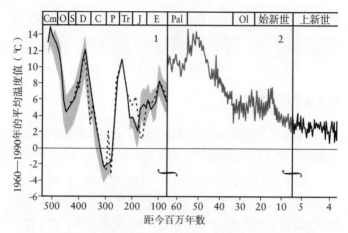

图 3.1：地球的温度记录。曲线 1 是 5 亿年到 8000 万年以前温暖期的到 600 万年前的温度记录，它显示出气温从始新世到上新世的稳步下300 万年以前。曲线 4 展现了交替冰期，曲线 5 则展现出我们近期的

就像核战争预示的"核冬天"一样。[2]恐龙随即灭绝，因为它们无法调节体温以应对这种迅速变化。但数千年之后，撞击的直接影响已经消退，最终的结果仍是地球在持续变暖。在 1 万年左右的时间里，二氧化碳含量水平上升超过百万分之两千（2000ppm），气温上升约 7.5℃（前者速率为 0.2ppm/年，后者为 0.00075℃/年）。在这场大灾难中，受到影响的碳酸岩和页岩以及撞击点燃的丛林火灾和海洋变暖等共计释放了 45 亿吨（或者说 4.5 个十亿吨，单位为 Gt，等于 10^9 吨）碳，这造成了大气中碳含量的上升。但当时二氧化碳的增长速率比目前 3ppm/年仍低了一个数量级。我们自己目前向大气中排放温室气体的速度远超任何已知的自然事件，甚至像小行星撞击这样的极端事件也相形见绌。

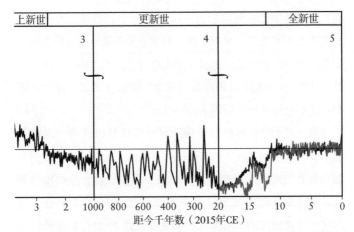

度数记录。曲线2则是测量深海沉积物中同位素比值得出的6亿年前降趋势。曲线3显示出气温向现在的进一步下降，这一过程一直持续到温度从上个冰期的恢复。

　　一千万年后，西伯利亚地区大规模释放的甲烷气体（我们并不确定其缘由）也推动着气候变暖，结果，大气中的二氧化碳升至1800ppm，温度上升约5℃。但上述整个变化持续近1万年，因此，二氧化碳的年增长率仅为0.18ppm/年，温度上升速度则为0.0005℃/年。这也是地球史上涉及物种灭绝和环境改变的一次气候事件，但其中的二氧化碳上升速度仍低于我们现在的水平。

　　在这些十分温暖的插曲之后，地球的温度在5000万年里经历了一系列逐级下降的过程。例如，我们可在大洋深处海域的温度记录中看到这一点（插图3.1，曲线2），这一结论可从沉积在海底的有孔虫（可分泌硬壳的微小海洋生物）硬壳中同位素氧－18与氧－16的比值中推算出来。正常氧－16和具备两个额外中子的同位素氧－18的这种比例会随着有孔虫生长其中的海水温度变化而变化。科学家并不确定这种长期温度下降的原因，因为这一进程除了可能涉及温室气体的增加，还涉及5000万年大陆板块分布的变化，南极洲向高纬度地区漂移和冰盖的持续增长等因素。

这一过程最终将我们带到冰河时期反复出现的"现代"。过去600万年里，地球平均温度一直很低，低到地球绕太阳的轨道形状的微小变化也会在地球表面产生辐射分布的细微变化，地球温度随之发生变化并导致了冰川的定期推进和退缩——即冰河时期。十分奇特的是，直到19世纪后半叶，地质学家才最终承认地球史上曾发生过一次冰河时期，最初称其为"伟大的冰河时期"。这是晚近以来令人尴尬的事件，其持续时长仅为数千年，最终于12000年前结束。现在我们知道，这一事件直接可上溯至600万年之前的冰河时期和温暖间冰期交替循环的最后一个周期序列。在这之前，如上所述，地球太温暖而无法形成冰期，除了我们行星历史的最早时期发生过的少数特殊事件（冰雪地球），这种事件往往一次持续数百万年时间。周期性冰河时期出现的条件在于，足够寒冷的气候造成天文级别的波动并最终导致冰川的推进和退缩，但也不能冷到让我们处于永久冰河时期的程度。因此，地球历史上冰河时期的温度呈锯齿状波动很可能是某种最近数百万年范围内的现代现象；冷暖时期的交替并非大部分地球历史的特征。一些科学家认为，我们通过化石燃料燃烧释放到大气中的二氧化碳和其他气体足以抑制温度降至下个冰河时期发生的程度，事实上，这一过程很可能足以完全抑制冰期的周期，进而让地球回到我们数百万年之前经历过的永久温暖的状态。

现在，我们来考察一下近期主导了我们这个星球且令人瞩目的冰期循环。

第四章
CHAPTER IV

冰期的现代循环

上新世与冰河时期

我们在上新世（Pliocene，530—260 万年之前）开始进入现代气候时期。上新世时期整个世界的平均温度比现代的前工业社会高出 2–4℃，海平面则高出 25 米。这意味着冰盖上冻结的水体较少，尽管南极洲有冰盖存在，但事实上格陵兰岛在这一时期是无冰的。北极也没有海冰。实际上，我们现在改变地球环境时面临的境况与当时很像，尽管我们并不期待短期内如此大幅度的海平面上升。较高的温度带来了极度蒸发和降水等水文循环现象的频繁发生，这孕育了大量的雨林，茂密的热带草原（现在有些已变成沙漠）和小型冰盖（约占目前冰盖区域的三分之二）。早期人类的祖先也生活在这样的地球上，但因为数量甚少而无法影响气候进程。农业则因为极端的倾盆大雨和热浪而无法出现；而我们的祖先在当时的环境中也不会想到去种植种子并盼着它们生长。这一时期的主要特征便是，气候比之前更冷，但对冰期循环的产生而言还是太热。

但随后，上新世时期的气候却持续变冷。人们直到最近还认为，降温的一个推动因素便是大陆板块的不断漂移，这一过程创造了巴拿马地峡，进而南北美洲不再分离。这种结果又破坏了巨大的赤道大洋环流并阻止了太平洋温暖的洋流流入大西洋，后者因此而逐渐变冷。然而，科罗拉多大学的彼得·莫尔纳（Peter Molnar）最近已驳斥了这种观点，他表示，巴拿马地峡在2000万年而非300万年之前便已形成，因此它本身无法成为气候冷却进程的主要原因。我们必须寻找新的原因，但气候记录的确显示，约在300万年之前上新世行将结束的时候，全球气候已变得足够寒冷，进而冰盖能在格陵兰岛上形成，这一时期已为现代冰期循环准备好了条件。

近期的冰期记录

世界气候在上新世时期出现了新的变化。正如我们在上一章中看到的那样，地球已经历了20亿年缓慢的气候变化进程，且温度一般而言都高于现在，但降温的罕见情况的确已经发生，并产生了一个严酷而漫长的冰河时期，这可能将整个地球冰冻至"冰雪地球"的状态。我们在之前数万年的时期内并不具备气候冷暖周期的选项，但这种选项正开始出现。我们并不知道冰期循环会持续多久——并且我们自己目前的行为可能已经破坏了这种循环。

冰期循环的气候变化证据以冰芯（ice cores）的形式保存在格陵兰岛和南极的冰盖之中，我们对此已有很好的记录。当雪花飘落在现有的冰盖之上，它就会形成一个将被之后年份新的雪花覆盖的冰层，而先前的冰层就会受到挤压。每个单独年份冰层的厚度逐渐减小，并且其密度随着上面新冰层的挤压而变大。新鲜降雪的密度可能仅为 300 千克/米³，但当它受到挤压而位于新的冰层之下 50 米时，其密度便会升至 800 千克/米³。压缩会改变其性质，积雪从之前轻薄片状结构的雪花变成更细颗粒的结构，又称粒雪（firn），最后变成冰体本身。雪花受到挤压变成冰体之后的密度通常会变成 800 千克/米³。低于这一密度时，粒雪晶体就会与空气和融水分离直到足以在它们之间自由穿梭。密度为 800 千克/米³ 的粒雪晶体会因压力而紧紧相连，粒雪本身也成为了连续体，尽管其中的空气孔道在一定程度上仍保持为封闭的气泡，但它们会随着后续的挤压而逐渐收缩。冰盖底层中会在高压下形成十分微小的气泡。冰盖顶层每一年的冰层厚度都能得到测量，并且人们可清楚地看到垂直的剖面是否形成，就像平顶冰山（tabular iceberg）的侧面一样。再往下，受到压缩的冰层就变得越来越薄，直到无法辨认单独年份的程度，此时，我们就必须根据自己对冰体压缩的知识来计算其年龄。

因此，大自然为我们创造了可追溯至百万年前的冰体分层记录，如果我们钻探冰盖至基岩便能得到它们。这就是我们并不十分确定冰期循环何时开始的原因。我们如何解读这些冰层记录？幸运的是，我们有很好的办法来计算降雪形成冰层时的温度。正如我们在上一章看到的那样，氧元素有两种原子类型，即同位素，分别为"正常的"具备 8 个质子和 8 个中子的氧–16（O^{16}），和更为稀有的多出 2 个中子的"重"氧–18（O^{18}）。通常 O^{18} 仅占 2‰。水分从海面蒸发时，较轻的水分子

（H^2O^{16}）比更重的水分子（H^2O^{18}）更容易蒸发。这种具有更高 O^{16} 浓度的水蒸气会在云层中凝结成冰晶，其中又会发生进一步的分馏。雪花形成、落下时的空气温度条件下 O^{18} 与 O^{16} 在其中的相对比值计算实验也已完成。这种实验是过往气候的完美温度计。科学家也想出了更聪明的办法从冰层中高度压缩的气泡里提取少量空气，并分析其中二氧化碳和甲烷的含量。所以，我们不仅知道过去一百万年的温度变化，而且还知道当时大气中温室气体的浓度。此外，大气中的尘埃浓度能告诉我们当时气候的干燥程度，以及当时地球上的沙漠面积。最后，大型火山喷发留下了火山灰层，这提示我们火山爆发时可能的气候变化。最近的一项研究确定了过去 2000 年中的 116 次火山喷发，最大一次为 1257 年的神秘喷发，它肯定对之后 2～3 年的气候产生了影响，我们最后将这次喷发归结为印度尼西亚的萨马拉斯火山（Samalas volcano）。第二大的火山喷发发生在瓦努阿图（Vanuatu）附近，第三大喷发于 1815 年发生在坦博拉山（Mount Tambora），这最后一次喷发导致 7.1 万人丧生并造成欧洲 1816 年的"无夏之年"，随后发生了作物歉收，并加剧了拿破仑失败之后随即产生的巨大社会动荡。[1]

　　人们首次钻探格陵兰岛和南极冰盖获取冰芯的活动始于 20 世纪 50—60 年代，而解读这些冰芯记录的工作也随即展开。随着时间的推移，相关分析技术已经取得了很大改进，因此一开始，人们仅得出了冰期和间冰期的大致记录，而现在，我们能得出十分详细的温度和气体成分记录，它们显示出大量原因不明的温度偏差以及我们如何进入和走出冰期，以及（更神奇的）过去四个冰期彼此如何相似等方面的超详细记录，就好像地球一直经历着某种正常的气候交替过程。又是什么导致了这种交替？

冰期的天文理论

解释冰期循环模式关键要归功于 1920 年的南斯拉夫科学家米卢廷·米兰科维奇（Milutin Milankovitch），尽管同样的评价也可归于詹姆斯·克罗尔（James Croll），后者是苏格兰一位从未受过教育的卓越科学家，他在格拉斯哥大学（安德森学院及其博物馆）的科学图书馆里担任看管，通过阅读那里的书籍获得了科学知识。他于 1867 年提出冰期循环解释机制，但世人如今才开始认识到他在冰期理论和其他领域取得的成就。[2]

冰期循环模式的想法意味着，尽管一年之内到达地球的辐射总量基本相同（太阳常数），但由于地球轨道的三种波动模式（插图 4.1），太阳辐射随季节和纬度的分布相应会有所不同。

首先，地球绕太阳旋转的椭圆轨道的离心率会发生变化。这个轨道近似圆形。当它接近圆形时，全年落在地球上的太阳

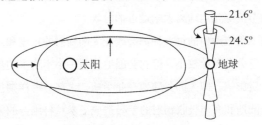

图 4.1：地球轨道的三种波动模式。

辐射都一样多，但当离心率最大时，太阳辐射每年都会有明显的最大值和最小值。当离心率为 0.0167 时，地球轨道半长轴的长度为地球太阳平均距离的 1.0167 倍，而半长轴最小距离则为此平均距离的 0.9833 倍。地球轨道形状从最大离心率到最小离心率，再从最小离心率到最大离心率的变化周期为 10 万年。

第二种波动则因地球自转与地球轨道轴线之间的角度造成。当二者角度为 23.5 度时，太阳垂直照射的纬度达到极值（分别对应北回归线 23.5°N 的巨蟹宫和南回归线 23.5°S 的摩羯宫），超过这一纬度的部分地区一年之中至少有一天太阳不会落下或升起（即南北纬 66.5°以上的南北极圈内）。这一旋转角度跟陀螺仪类似，它会在 21.6°和 24.5°之间变化，周期为 4.1 万年。我们习惯将热带和极地圈视为地球上的不变区域，但并非如此；它们实际上会在 270 公里的范围内南北移动。

最后，第三种波动发生在一年中地球在其椭圆轨道上离太阳最近的时刻，即近日点（perihelion）。这个日期也有着跨度为 2.3 万年的周期，目前是在 12 月。对于北半球的居民而言，深冬时节恰好是地球离太阳最近的时候。

这三种波动中的每一种都会改变太阳辐射的年度和纬度分布。尽管分布差异较小，但它会因地球是一个不均衡的星球而造成一定影响，即大部分陆地在北半球，大部分海洋则位于南半球。陆地和海洋吸收辐射的差异造成了米兰科维奇的辐射差异，全球气候也随之发生变化。因此，我们预计地球平均温度会形成一个代表了这三个周期的加总的缓慢变化曲线，波长为数万年。由于米兰科维奇周期的加总而导致的天文气候力量的确变化不大，但与其相应的地球温度变化却并非如此。让我们看看其中的缘由。

冰芯的记录

插图 4.2 显示了过去 40 万年左右的气候记录，我们对冰芯的分析能得出温度（O^{18}—O^{16} 比值）、二氧化碳和甲烷水平（从其中的气泡得出）等信息。其中两个结果让我们很吃惊。首先，冰期变化是有步骤的：间冰期的高温对应高浓度的二氧化碳和甲烷，低温则对应低水平的二氧化碳和甲烷。其次，这些记录并不像米兰科维奇理论规定的那般呈平缓的变化曲线，而是呈锯齿状变化。地球曾经历过混乱的冰期，即在 1000 ~ 2000 年内迅速升温 10℃ 从而进入间冰期状态，之后又迅速开始再次冷却，随后，在 1 万年的缓慢且稳定的降温后最终达到下个冰期的温度极值。值得注意的是，本期 40 万年的记录所涵盖的 4 个冰期的持续时间有所不同，但却有十分类似的气温和大气变化史。四个冰期的气温都呈缓慢下降的线性趋势，一直到进入下个冰期的最冷时期，中间也会有微小的摇摆。二氧化碳浓度从 280ppm 降至 180ppm，甲烷则从 700ppb（ppb 为十亿分之一单位）降至 400ppb。而在恢复期，这三个数又会回弹至之前间冰期的数值。我们现在所在的间冰期至少与之前的三次类似。这一切发生的方式和原因又是什么呢？

这个惊人的气候记录为我们提出了许多问题，其中有些尚

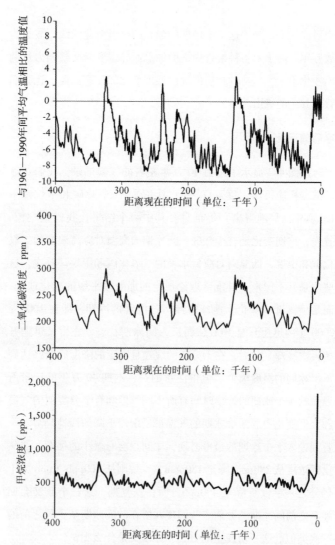

图 4.2：过去 40 万年冰芯中的气候记录。请注意全球气温和温室气体曲线外形的相似性。

未得到解答。首先，为何二氧化碳和甲烷含量会呈现如此明确的波动状态？当我们考察地球历史早期中的冰期证据时，它们都只是一次性事件，可能各有各的原因，但都导致了一次性的最终状态。因为至少在过去 100 万年中，我们有着可预测的冰期历史（符合米兰科维奇理论，除了相应的锯齿性质），每个冰期都对应着同样的温度周期和二氧化碳、甲烷浓度水平周期。以此为基础，按照米兰科维奇理论（暂时抛开我们对地球造成的不可逆的影响），我们能预测距离下一个冰期还有多久，它又会持续多久，全球气温将会如何变化，并得知二氧化碳和甲烷的浓度水平在下个冰期最冷时的值分别是 180ppm 和 400ppb。我们可以从过往冰期的重复中认定，这种循环将持续发生。但毫无疑问，冰期循环有个开端，这给我们带来了另外一个问题。天文驱动的冰期循环何时以什么方式开始的？正如我在上文中提到的，冰芯记录让我们干着急地仅往前回溯了 100 万年，因为最底层紧挨基岩的几厘米冰芯不仅受到极度挤压，而且被地热轻微地融化了，所以我们无法以这种方式回溯至 100 万年以前。冰芯记录的最底层由于受到极度挤压而不可靠，而且正是最近 40 万年的记录才最好地证明了期间 4 次冰期气候波动的规律性（插图 4.2），尽管之前的数据显示同样的冰期模式还在延续。

地球气候进入到米兰科维奇周期刚好足以推动世界从冰川期到非冰川期转变（反之亦然）的状态肯定有一个起点。在此之前，气候太热而无法形成冰川，即便达到米兰科维奇理论规定的最小值也不行。似乎现代冰期的起点就是上新世结束的时候，但我们并不清楚当时形成了多少冰川。这100万年的冰芯记录包含6次或7次冰期，所以这一时期可能总计曾有过至多20次冰期，尽管我们无法知晓更早的冰期是否与最近4次的冰期重复历史一致。

另外一个问题则是，曲线为何呈锯齿状变化？我们可从定性的角度回答这一问题，即冰盖的消失比它的形成更容易。由于天文级别力量的影响，大气温度会下降，原先无冰地球的高海拔、高纬度地区开始累积冬季的降雪，直到过完随后的夏季都不融化。然后，下一个冬天的降雪又堆到上个冬天的积雪之上，永久积雪就此形成，它会逐渐变厚，进而转变为冰川或冰盖。这一过程很缓慢，但它会逐渐造成消极的反射率回馈并让降温效应倍增。冰川世界正慢慢发展。然后则是天文力量的逆转。空气温度逐渐升高。这一点意味着，逐渐形成的冰川表面会很快地融化，但它只能以每年一个冬季雪层的速度生长。冰川增长的速度有着物理上的限制，但冰川融化速度却没有。当冰盖遵循锯齿波动模式时，气候也是如此，因为空气温度受当前冰量的调节，进而空气温度也遵循锯齿波动模式。因此，"锯齿驱动器"就是冰盖体积，或至少是其表面积。

随后一个问题是，为何二氧化碳和甲烷的浓度水平与气候变暖和变冷同步？难道其中一个是另一个的驱动因？我们现在习惯了额外排入大气的二氧化碳能让气候变暖，从而消融冰盖这种观念。二氧化碳是驱动力，气候变化是对它的反应。然而，比如在冰期－间冰期的循环中，是二氧化碳含量首先升高，随后导致了冰盖融化呢，还是冰盖的融化仅仅是其对空气温度升高的反应，抑或同样因为气温升高而导致植物生长加快，其呼吸作用又导致了二氧化碳浓度上升？测试气温、二氧化碳和甲烷水平之间的时间延迟，以确定何者驱动了何者的实验也得出了模棱两可的结果：我们并不清楚这些因素的先后顺序。事实上，情况比我们最初想象的复杂许多。如果植物随着温度升高而增多（如果陆基区域变暖，这倒很有可能），那么来自大气层的碳就会被增加的大量生物吸收。如此的年度循环机制会在春天从大气中吸收二氧化碳，利用阳光将其转化为糖、木质素和其他长期存在且不会过期的碳基结构。此处的问题在于，植物生长（至少一开始）很可能会吸收或捕获二氧化碳。现在被广泛置信的另一个理论是，温度的轻微变化会导致气体从海洋表面释放出来：温度增加，所以海洋表面开始释放二氧化碳，这反过来又加速了温室效应，进而增加了水蒸气浓度并创造了一个反馈环，气温随后进一步增加。

另一个十分令人担忧的问题是：冰川和间冰期的温度，二氧化碳和甲烷浓度是否代表了气候系统波动状态的两个自然终点？如果是这样，二氧化碳就有某种"自然"的气候敏感性，这可以通过二氧化碳浓度的增量除以冰期到间冰期温度的上升度数计算得出。这种敏感性会告诉我们几十年甚至几个世纪以来，地球气候会调整自身并适应我们人类排出的大量额外二氧化碳的窘境吗？如果我们运用冰期–间冰期的敏感性评估得出气候有时间完全适应我们正在做的事情时又会发生什么呢？结果是骇人的，我将在后面的一章中处理这个问题。目前我们蛮可以说，以这种方式计算得出，二氧化碳浓度翻倍的话，其敏

感度将不低于 7.8℃，而我们目前的二氧化碳浓度足以导致
3.6℃的温度增幅。[3]很显然，这种情况尚未出现，但只要时间
足够，它很可能会发生。这一高值被称为地球系统灵敏度
（Earth System Sensitivity）；这远高于气候对二氧化碳增加的短
期敏感性，但它提示出如果我们无法降低高企的二氧化碳排
量，地球气候最终或者几百年之后会是什么样子。

我们如何从上个冰期中诞生

　　随着我们回首过去 1.2 万年（这只是地球史上的一瞬）这
一时期，地球气候中的漫长冰雪历史逐渐呈现在我们眼前，这
一时期的地球开始从上个冰期中露出端倪，（临时）稳定的气
候得以形成，足智多谋到能够发明农业，并因此发展了城市、
建筑、货币、数学、军队以及科学的人类也逐渐产生。艺术早
至冰川时期便已存在，很可能音乐也是如此；其他的善报（或
恶果）最终都源于农业盈余以及保护固定田地免受闯入者的
需要。

　　这一切都出现在稍稍不同于以往的冰期中，即我们似乎又
暂时走向了之前从中走来的冰期。引起这种倒退的是新仙女木
事件（Younger Dryas），其名字来自一种名为仙女木的高山植
物，也是为了与这之前（自然地）名为"旧仙女木"的事件
相区别。上个冰期在大约 2 万年前达到顶峰，随后冰川开始迅
速融化，这种变化体现在了锯齿状的陡峭部分。这一进程在
1.28 万年前将我们带至接近现代的温度水平，但突然之间，
北半球和热带地区的气温又在接下来的 1300 年里朝着之前的

冰川温度下降，之后我们再次迅速地让自己摆脱了这种境地。南极冰芯中并没留下这一事件的记录，因此它显然是北半球独有的现象，当时格陵兰岛的气温就降至比目前低15℃的程度。导致这一事件的原因有许多。其中一个原因是，一个位于现在哈德逊湾名为阿加西斯湖的冰川湖因为冰盖的扩张而没有排入大洋，湖上冰盖从巴芬岛（Baffin Island）一直向下延伸至海中。一定程度上，这个冰盖由于气候从冰期恢复而撤退，冰体大坝不再，大量淡水随之排入大西洋。这些增加的淡水终结了格陵兰岛和拉布拉多海之间的对流，减缓了热盐环流（thermohaline circulation，见第十一章），气候随之再次变得寒冷。这是一个不错且合理的故事，但缺乏观察证据。哥伦比亚大学的沃利·布勒克（Wally Broecker）谈到这个倾泻而下的湖水所携带的"冰山舰队"（armada of icebergs）时说，这是一幅吸引人的图景，但并不很可靠。

在新仙女木事件的插曲之后，地球气候在8000年前迅速升温至比今天稍微暖和点的水平，从此变得非常稳定。当然，我们现在意识到自己正处于间冰期，因此气候的稳定印象仅为幻觉。事实上，从公元1000年到工业革命的时间里，我们经历了温度缓慢下降的过程，这体现在著名的曼恩-布拉德利（Mann-Bradley）"曲棍球棒效应"（hockey stick）这一全球温度记录中[4]（插图4.3），其中球棒长长的"手柄"就代表了温度缓慢下降的过程，"叶片"则意味着气温从19世纪中叶开始迅速上升。但是，此时的气候较之前四个间冰期都要稳定和持久，这给曾在上个冰期靠狩猎过活的智人（Homo sapiens）创

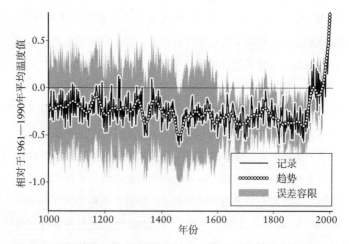

图 4.3：曼恩-布拉德利曲棍球曲线。过去 1000 年中北半球气温变化曲线。

造了机会学习作物种植，并在固定地点定居静候其生长。为了避免他人侵占别人播种过种子的土地，新出现的农民需要一个能够确认其土地权的组织，相关事宜包括测量土地（因此会发展数学），写出权利契约（因此会发明文字），并在侵略者和入侵者面前保护其权利（因此会发明警察和军队）等。上述事项没有任何一项为冰期狩猎-采集者（hunter-gatherer）所必须。而那些种植这些农作物的人每年都有几个月的时间无事可做，于是他们可能被组织起来建造纪念碑、巨石寺庙和坟墓，这些建筑代表了为其提供保护的组织。此时的人们也有时间思考艺术和哲学，甚至科学。当人们播下第一批从上一年草丛中采集的种子以提供来年的食物时，我们的现代世界便诞生了。所有的好处与弊端都逐渐显现。我们将整个人类文明归功于间冰期稳定的气候条件。

另外，我们要记住，文明的重大发展由"他"① 开创这一点并不明显。在狩猎－采集社会（就像现在的因纽特人一样）中，男性从事危险的狩猎活动，女性则收集浆果和其他食用植物。可能正是女性，注意到了可食用的草类总是重复出现在某些地点并且可对其进行人为耕种。

冰期结束以后，海平面迅速上升，海水淹没了早期沿海定居点，相关遗迹也必须在海里寻找。关联英国和欧洲其他地区的陆地被考古学家称为"多格兰"（Doggerland），它于公元前4200 年被淹，北海和英吉利海峡随之形成。海平面上升的过程基本上在 5000 年前完成，此后，海平面一直保持平稳，直到 20 世纪才开始再次上升。这意味着整个文明史都发生在海面平稳的时期。我们在地中海沿岸能看到这一点，[5] 那里的古代沿海城市依然存在，罗马的石盆捕鱼陷阱置于水中时仍能使用。

而当时的北海则明显比现在温暖；史称"中世纪的温暖时期"。维京人在公元前 1000 年时殖民了格陵兰岛，当时的气候还让他们能为牲畜种植干草。但从 1400 年起，气候开始恶化，有时候人们又称其为"小冰期"（Little Ice Age），最终，殖民地消失了；人们将这一切归咎于气候，但我们并不知道其中任何细节。看来，挪威定居者并不想放弃欧洲的习俗和生活方式，并因此继续保留了家畜，而没有复制与其交往的因纽特人

---

① 即男性。——译注

靠捕猎海豹为生的生活方式。面对不断变化的情况，搁置熟悉的习惯对他们而言可能是致命的。

下个冰期何时到来？

我们估计，用米兰科维奇理论来预测未来的话，气温会在未来 2.3 万年的时间里明显下降，地球会因此进入下个冰期。但是，现在我们在地球上造成的大量额外温室气体难道不会延迟，甚至抑制下个冰期的出现吗？直到最近，气候学家还说不会造成这种局面，但现在，目睹了地球变暖的飞速进展及众多不断起作用的反馈机制后，越来越多的人相信我们改变了地球未来整个（包括短期）的状态。未来的冰期很可能就没有了，或者至少被推迟了。一项研究表明，下一个米兰科维奇循环将不会产生冰川，我们在未来 50 万年里也不会经历另一次冰期。[6]最近一项仔细考察了米兰科维奇理论在北半球夏季如何起作用的研究[7]表明，即便持续、适度的碳排放也会将下个冰期推迟至少 10 万年。其中一位名为汉斯·约阿希姆·舍尔胡贝尔（Hans Joachim Schellnhuber）的作者评论说："这清楚地表明，我们早已进入一个新纪元，而人类本身在人类世（Anthropocene）也已成为某种地质力量。事实上，人们可能引入一个名为'冰消期'的地质时期。""人类世"这一术语由诺奖得主保罗·克鲁岑（Paul Crutzen）于 2000 年提出，用以表达我们已处于一个崭新（接替全新世）的地质时期，而智人在这一时期里正在对地球性质产生重要而可观测的影响。

这一切都言之有据：260 万年前，地球比今天暖和 2 ~

4℃，这对米兰科维奇理论规定的冰期而言还是太过温暖。如果这就是"关闭"（或不开启）冰期所需的温度，那么我们正在大踏步向它迈进。如果一切照旧，那我们将会在 2100 年回到冰期循环的关闭状态。即便在上新世，地球也需要一些额外的冷却以进入到开启米兰科维奇波动的状态。因此，我们所认为的冰期无限循环模式，即冰川生长、漂移，进而地球变暖、冰川融化的模式真的只是某种短暂现象，它依赖于地球达到某种特定的合适温度，且陆地和海洋也要处于特定的位置。而地球在过去 200~300 万年经历过的一系列冰期本也是它现在即将经历的，但我们对地球的影响将使它远离可以维持周期性冰期的状态。

　　这是福是祸？我本能地感到，气候的任何人为扰乱都是灾祸。但化石燃料的狂热支持者可能会说，如果能阻止下次冰期的到来，我们燃烧大量碳化石能源的行为应当受到欢迎，因为人类只是在上个冰期之后稳定的温暖期才设法定居下来，发展出农业，并创造出过去数千年来的各种伟大文明。这个论证可能有其道理，但问题在于我们自己的行为明显已经过火。正如我在下一章所证明的，我们对气候的人为介入并不会止步于阻止或推迟下个冰期的到来这种良性结果，而是很可能导致地球以史无前例的速度加速变暖。

第五章
CHAPTER V

温室效应

　　上一章，我研究了自然的天文周期，它在数千年的时间里让我们在冰期（北半球大部分被冰盖覆盖）和间冰期（冰盖又撤退至格陵兰和高山等处）之间往回穿梭。南极洲则一直处于冻结状态。上一个间冰期大约发生在 13 万年前。当时刚从非洲人科物种演化而来的智人尚未占据充分利用当时环境的龛位。智人能利用其超常的智力满世界扩张，并殖民那些与其故乡十分不同的栖息地。他们是会制作石器的狩猎－采集者，但还是太原始或者数量太少而无法发明农业，进而过上定居的生活。紧接着下一个冰期出现了，智人在高纬度地区需要克服的挑战便是活下去。仅在目前这个间冰期，人类才得以通过技术改变环境，并且大规模利用化石燃料的技术仅在过去 200 年中才出现。我们人类正处于前所未有的境地。自然，我们对环境的改变远非排放二氧化碳这么简单。别的改变还包括清理土地（这项活动已持续了数千年），破坏森林，利用（和耗尽）水资源以及种植作物。但为我们工作的机器却是相当晚近的发明，这项发明所需能量对地球环境的影响最大。我们来看看自己排放的气体如何导致了这种气候变化。但首先，让我们考察产生了我们自己的自然温室效应。

自然温室效应

温室效应基于十分简单的物理学原理。如果地球是一个没有大气，且以目前地日距离绕太阳旋转的球体，我们从一个单独的方程式（基于1884年所知的科学知识）便能推出其均衡温度。然后我们为其添加一个大气层，看看它对温度有什么影响。我们将看到，自然中的大气会让地球变暖——即所谓的"自然温室效应"——而我们现在加入大气中的气体让其变暖更多。

作为开端，让我们将地球想象为没有大气的球体，仅靠来自太阳的辐射加热。随着地球变暖，它也会因为自身的温度而辐射能量。这两者之间的平衡能告诉我们地球能达到的温度值。假设这一值按照绝对温度（°K）计算为 T（即高于绝对零度的温度），它等于摄氏温度值加上273.16。

我们假设太阳以恒定的速率释放辐射。它可以表示为太阳表面温度（其值为6000℃）的函数，此函数值会因为太阳黑子活动效应而随时间轻微变化，但它在数十亿年的时间跨度上则呈缓慢上升趋势。为了简单起见，我们假设地球上每平方米的面积在地日距离上接收到的阳光总量是恒定的。这一数值即为太阳常数，每平方米1.37千瓦（kWm^{-2}）。换句话说，如果在直接面向太阳的卫星上有一个效率为100%的太阳能电池，那么该电池将能够产生每平方米1.37千瓦的电能，这远远高于单片电暖炉的功率。这是太阳能发电能够实现的绝对最大能量密度，这也是收集太阳能需要很大集电极的原因。

所以，每平方米阳光抵达地球时携带的能量为 1.37 千瓦。那么，地球总共拦截了其中多少能量呢？这一数值为太阳常数乘以地球的横截面积 πR^2，R 为地球半径。这些能量部分被直接辐射回太空，因为地球在可见的频率下并非一个完全的黑体（黑体会吸收落于其上的所有辐射）。以分数 α 表示的太阳辐射比例被直接反射回去。α 的值为 0.3，它表示地球整体上的反射率。因此，$\pi R^2 S (1 - \alpha)$ 得出的辐射水平便为地球吸收的辐射总量。

地球由这些辐射保持温暖，但随着温度的升高，它自身也会释放辐射。1884 年提出的斯蒂芬-玻尔兹曼定律（Stefan-Boltzmann Law，由约瑟夫·斯蒂芬及其学生路德维希·玻尔兹曼这两位杰出的奥地利物理学家所发现）描述了绝对温度为 T 的物体每平方米面积所释放的辐射量。他们发现，这一辐射量与 T^4（物体绝对温度的 4 次方）和比例常项 σ（用数字表示则为 5.67×10^{-8}，其单位则为瓦每平方米°K^{-4}）成正比。据此，较热物体释放出的辐射量远大于较冷物体。德国人威廉·维恩（Wilhelm Wien）则于 1893 年发现了另外一个定律，它描述了物体辐射在可能的电磁辐射频率范围内的分布情况。太阳温度的峰值处于可见光范围——所以太阳看上去为白色，但实际又白又热——而其较冷的表面仅为红热色，地球的低温环境让我们根本无法看见其辐射，但我们能测量它，进而发现它位于微波范围内。

因此，整个地表便在其现有温度上以 σT^4 每平方米的总量向外辐射热量（我们假设地球在如此低频的水平上的确是个黑体），地表面积为 $4\pi R^2$（因子 4 为地球整个表面积与其拦截太阳光横截面面积之比）。如果我们愿意，也可将其乘以辐射系数 ε（值域为 0 到 1）。常温下，地球就像一个"黑体"一样释放出辐射，它就是一个完美的辐射体，但如果保留辐射系数，我们就能看出增加温室气体的影响。

如果地球是太空中孤立的星球，那么这两种能量必然会保持平衡——地球发出的辐射量等于其从太阳处收到的辐射量，因此，地球会保持在一个稳定的温度 T 上，即地球的均衡温度。要找到 T，我们需要求解如下方程式：

$$4\pi R^2 \varepsilon\sigma T^4 = \pi R^2 S\,(1-\alpha)$$

通项并稍微重排之后，我们便得到：

$$T^4 = S\,(1-\alpha)\,/4\sigma\varepsilon \qquad\qquad （方程式 1）$$

这是我在本书中唯一使用的方程式，但它很重要，因为热量输入和输出之间的简单平衡定义了地球的宜居性。

令人意外的是，这个方程式的解为 T = 255，即 − 18℃。换句话说，如果地球上没有大气，地表平均温度将会低于冰点。如此，我们就会有一个冰冻、死寂的世界。此外，我们也看到，地表温度也不取决于地球半径，而仅取决于它与太阳的距离。因为离太阳的距离和地球一样且没有大气的月球的平均温度也是 − 18℃。

但是，地球温度很显然高于 − 18℃。造成这种情况的事实如下：地球表面附着的大气层含有的气体能部分吸收从地表发出的长波（微波）辐射，并让几乎所有入射的太阳短波（可见的）辐射从中穿过。地球真的就像一个温室，温室的玻璃允许太阳辐射进入并将其加热，但却阻止大部分长波辐射外溢。因此，这些气体的作用就被称为温室效应（greenhouse effect）。

如果考察一下发挥这种功能的气体，我们能看到仅有特定种类的气体很重要。插图 5.1 显示了卫星测得地中海上空的地球辐射。平滑的虚曲线表示温度为 7℃ 时能量的理论分布，根据维恩定律，这大致就是地球向太空辐射能量的大气层温度。然而，实线才是卫星实际观测到的曲线。这两条曲线共同表明，卫星下面的大气就像以 7℃ 的温度水平有效释放能量一般，但在这个光谱的不同区域存在巨大的漏洞，使得这些地方释放的能量远低于维恩定律的预测值。这些漏洞被称为吸收带（absorption bands），它是由分子移动到更高的能量水平而产生，在这一过程中，电子会获得能量，或者分子整体的旋转或振动会改变至更高的水平。根据量子理论，这些改变只能在离散的步骤中发生，分子会在这一过程中吸收特定频率的电磁能量子。因此，在某些固定能量频率或某些频率带（这种影响会因为分子的复杂性而扩大），分子会吸收射向它的一些能量，从而减少继续传播的能量。如果我们考察一下从地球向上射出的能量，会发现特定气体会吸收这些频率带中的能量，进而让地球射向太空的能量变少。这种机制就是天然温室效应的基础。那何种气体又会有效地吸收能量呢？事实证明，大气中最常见的氧气和氮气在地球释放能量的频率范围内并没有吸收带。如插图 5.1 所示，那些吸收能量的气体为水蒸气、二氧化碳、甲烷、一氧化二氮（N_2O）和臭氧（O_3）。它们被称为温室气体，尽管占大气组成的很小部分，但它们对地球气温升高到产生液态水进而达至维持生命的程度而言至关重要。

如插图5.1所示，水蒸气在低频和高频能量范围有着较宽的吸收带，而甲烷、一氧化二氮和臭氧则在中频能量范围内有着更窄的吸收带。二氧化碳有着最深的吸收带，且刚好位于能量光谱的峰值处，该处意味着射向太空的能量最大。单就本图的证据而言，我们能预期二氧化碳乃最危险的温室气体，事实的确如此。

那么，所有这些温室气体的总体影响如何？我们从插图5.1能看出，它们降低了地球射向太空的长波辐射。考虑到它们对所有波长能量的影响，则地球释放辐射的速度低于完美的黑体所能达到的水平。因此，地球的有效辐射系数值 ε 小于1（温室气体越多，这一值越小）。如果再回头看看本书唯一的方程式，我们会发现，其左侧的值在减少，因为地球辐射的能量低于斯蒂芬-玻尔兹曼定律的预测值。但方程式右侧（从太阳处获得的能量）的值则保持不变。因此，方程式两侧保持平衡的唯一方式就是 T 值增加。等式1表明，T^4 随着 $1/\varepsilon$ 而变化，因此，ε 值降低则 T 值增加。地球必须升温以补偿其射向太空的能量。这种天然温室效应便足以将温度 T 从 −18℃ 提升至 15℃，我们十分熟悉且适应这一温度，它就是我们宜居地球的平均温度。[1]

可憎的二氧化碳分子

目前为止，一切正常。天然温室效应让生命的出现成为可

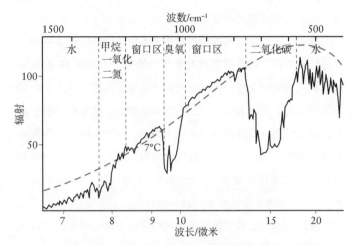

图 5.1：卫星在地中海上方测得的大气顶部辐射通量。8 - 14 微米（无云）大体上透明的吸收带，除了 9.5 - 10 微米波长范围的臭氧吸收带（"窗口区"）以外。其余则为二氧化碳、水蒸气、甲烷和一氧化二氮的吸收带。重叠部分为温度为 7℃、-13℃、-33℃ 和 -53℃ 的黑体辐射曲线。辐射单位为瓦特每平方米每球面度每波长数。

能。缺了大气，我们的世界将进入冰冻的死寂。但假如我们改变大气的成分又该如何？特别是，如果我们增加大气中的二氧化碳含量，进而增加插图 5.1 所示的 15 微米波长附近的能量吸收又该如何？首先，我们会进一步降低地球的辐射系数，因此温度 T 必须进一步增长以维持均衡。增加大气中二氧化碳含量会导致气温升高。我们没法避免这一结论。它是基本的物理规律。否定它就像否定地心引力或者声称地球是平的一样。然而，仍有气候变化怀疑论者否认二氧化碳水平和气温之间的任何关联。所以，我们要强调：增加大气中二氧化碳的含量将不可避免地导致气温上升。二氧化碳增加得越多，气温上升越高。上文的等式绝对清楚地显示了这一点。

随着工业革命所需的能量超过了水电的供给，以及这种需要导致的煤矿、铁路和蒸汽机燃煤的发展，人类于 19 世纪首次开始向大气中大量增排二氧化碳。烧煤蒸汽机一直为工业革命提供动力，直到 19 世纪末石油和电力的出现为止（位于加拿大的世界第一口现代油井晚至 1858 年才开始钻探）。即便新发展起来的电网也主要由燃烧煤炭的电站供电。随着内燃机和道路车辆的无休止增长（始于 1886 年第一辆奔驰汽车的出现），燃烧石油才越发重要。这一进程发生于斯蒂芬-玻尔兹曼定律提出的两年之后，该定律让我们认清了燃烧产生的二氧化碳正在让地球变暖的事实。

我们本可以预见到地球上正在发生的事情，但我们的无知多少也情有可原。回想起来，我们会看到二氧化碳水平于 19 世纪中叶开始从上个冰期 280ppm 的水平迅速攀升至 300ppm 以上（现已超过 400ppm，几乎比前工业化时期的水平上升了 50%）（插图 5.2）。我们仅仅因为现在能够分析冰芯气泡中的二氧化碳含量才知道这一事实，而直到 1958 年斯克里普斯海洋研究所在夏威夷莫纳罗亚火山（Mauna Loa）建立了二氧化碳监测站之后，人们才开始系统地从事相关研究。

为何我们直到人为的温室效应变得如此明显的 20 世纪晚期才注意到它？好吧，一开始并不存在将全球气温和温室气体含量关联起来的理论。关键性的斯蒂芬-玻尔兹曼和维恩辐射定律直到 1884 年和 1893 年才被发现，瑞典科学家斯万特·阿列纽斯（Svante Arrhenius，1859 年—1927 年）于 1896 年依据

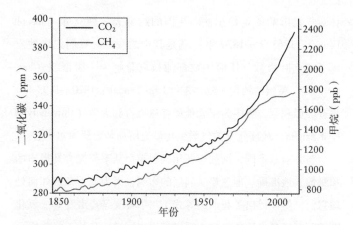

图 5.2：大气中二氧化碳和甲烷含量水平（来源于政府间气候变化专门委员会第 5 次评估报告）。

这一定律提出了首个温室效应与全球变暖的理论。[2] 所以我们 19 世纪都只顾着烧煤而丝毫没有意识到它可能导致温室效应。

其次，我们缺乏全球气温的良好数据。英国气象局由舰队司令菲茨罗伊（FitzRoy，达尔文环球航行时曾担任"小猎犬号"的舰长）于 1854 年成立，很快，众多类似的国家机构纷纷成立，但其主要任务是天气预报，因此，甚至整合各地气候统计也耗时良久（在英国，乡村牧师以发送手写报告的方式完成这一任务）。始于 1767 年的最古老的连续天气记录保存在牛津拉德克利夫（Radcliffe）气象站，它曾被用于证明 2014 年 1 月是牛津自有记录以来最潮湿的 1 月和其他事项。当然，对于降雨和温度而言，我们需要世界各地的数据并根据一般情况得出相关结论，能够胜任此任务的气象网络正在缓慢建设之中。

阿列纽斯并非前无来者，只是其前辈们仅仅提出了温室气体对气候影响的定性想法。法国的约瑟夫·傅立叶（Joseph Fourier, 1768年—1830年）就是其中之———我们纪念他发现了傅立叶级数，任何函数都能被它分解为一组谐波（harmonics）。英国的约翰·廷德尔（John Tyndall, 1820—1893年）也有类似观点，英国为纪念他而将东英吉利大学（University of East Anglia）最新建立的气候变化研究所命名为廷德尔中心。

与其前辈不同，阿列纽斯用辐射定律从事研究，其得出的预测惊人地准确。他忽略了云层的影响，因为他不知道如何处理它们，但他得出了我们的等式1，并从该等式出发对二氧化碳的不同增量导致的气候变暖程度提出了进一步的正确分析：

> 如果碳酸（二氧化碳）的浓度呈几何级数增长，温度则仅呈算术级增长。

换句话说，如果我们倍增大气中二氧化碳浓度，温度也只会增加 N 度。如果我们再将其翻倍（这是一个很大的增量），温度还是会增加同样的 N 度。这对我们二氧化碳排放仍在迅速增长的时代多少算是点安慰。二氧化碳倍增导致的气温升高被称为气候敏感性。阿列纽斯估计 N 为 4℃；目前的估计范围则为 2℃ 到 4.5℃，尽管我们会看到，如果我们允许温度"赶上"温室气体浓度水平一些人估计的气候敏感性会高得多——高达 7.8℃。[3] 阿列纽斯认为，二氧化碳增量的六分之五会被海洋吸收（实际为 40%），因此，大气浓度的增速将非常缓慢，其翻番的时间则为 3000 年。现在我们知道，按照目前的增长速度，翻番的时间实际为 75～100 年。即便阿维纽斯严重低估了二氧化碳浓度的增长速度，他仍旧认为这会改善高纬度地区的气候（他并未考虑冰川融化的后果），进而种植更多的作物以养活递增的工业人口。他还认为，全球变暖将延缓下个冰期的到来，正如我们已经看到的那样，世人至今仍为这个问题争讼不已。

所以到头来，二氧化碳被认定为气候变化的主因，事实上也是我们的头号敌人，但它会在大气中阴魂不散这种恶劣性质直到不久前才被人们认清。燃烧化石燃料产生的气体并非会以纯粹惰性的状态保持在大气中。事实上这些气体十分活跃，并且会参与到名为碳循环（carbon cycle）的一组复杂反应中。它们会被绿色植物和海洋浮游植物吸收，并在蒸腾过程中（借助叶绿素）转化为生物质，同时释放赐予生命的氧气。这是允许动物生命存在的反应，所以它简直就是地球上最重要的化学反应。碳在进入植物和树木的结构之后会随着它们的死亡、腐烂、砍伐或焚烧而再次释放。二氧化碳会被海洋吸收，但也会随着温度和洋流的改变而重新释放。实际上，从环境中去除二氧化碳的唯一办法就是将其制成的材料永久埋入地球内部。此类经典例子发生在海底，该处的动物性浮游生物有孔虫死亡后会在海中持续降下小壳雨，进而形成沉积层。这些壳体由方解石这种碳酸钙制成，海洋生物通过食用植物性浮游生物的方式吸收碳化合物制造这种壳体，浮游生物则以吸收海洋中二氧化碳的方式制造生物质。

我们仍不清楚二氧化碳在气候系统中能有效存在多久。如果我们通过燃烧煤或石油来释放一吨二氧化碳，那么这一吨二氧化碳会在多长时间里对气候产生影响，其影响力又会以何种方式随时间而消减？标准的估计曾是 100 年，但这是由于对碳循环了解不足而得出的值得推敲的模糊数字。考虑到二氧化碳分子从汽车尾气中释放出来之后的所有可能去处，一直到碳原子最后被埋入深海或岩石中的整个过程，人们现在的预计为上千年。但即便采用最低为 100 年的预测，我们也清楚，自己在不经意间燃烧化石燃料的行为也为子孙后代种下了祸根。他们会经历我们现在正在释放的二氧化碳带来的持续升温效应，正如我们正在承受"一战"时期的工厂和 20 世纪 50 年代的高油耗汽车造成的类似过程一样。

甲烷和一氧化二氮

直到最近，二氧化碳都被认为是全球变暖的主要因素，正如我们看到的那样，化石燃料的燃烧、二氧化碳的增加和大气变暖之间有着非常明确的关联。但其他温室气体也有重要贡献，加总之后，它们对目前大气变暖速率的贡献度约为 45%。这些气体其中之一便是甲烷。它在大气中的浓度与二氧化碳同步猛增（插图 5.2），实际上可能更快，因为其目前为 1800ppb（十亿分之一单位）的浓度水平已经超过其前工业化时期浓度的两倍，而二氧化碳浓度仅升高了 50%。甲烷复杂而奇特，因为它有众多天然来源。其中包括有机物在湿地中的分解（因此其通用名为沼气），白蚁的活动产生的化学反应以及食草动物的消化过程，任何造访过猪舍的人都可以作证。海中的甲烷水合物（甲烷和水的高压混合物）是大气甲烷的主要来源，它当然也是天然气的主要成分。但其他的来源则可归于人类活动：天然气管道泄漏，煤炭和石油生产的其他方面，比如水力压裂法开采天然气；水稻种植（因为稻田中腐烂的植被）以及农场数量的增长（因为全世界肉类消费量的增加，尤其像中国这样的新兴国家）。垃圾填埋场和废物处理工程也是甲烷源。然而，尽管这些人为甲烷源会随着人口增长而增长，大气中甲烷的增长却在2000年左右保持了稳定状态，直到2008年才开始重新上升。我们怀疑这新的上升是由于近期北极近海中甲烷释放（更晚的事件）所致，但我们并不理解上述稳定状态。一种可能是，俄罗斯人对其天然气管道正在进行更多的维护，因为之前曾发生过大规模泄漏事件；另一个可能性则是，天然湿地正在被榨干、抽干或圈占。

　　尽管甲烷在大气中的浓度比二氧化碳低很多，但它仍构成了气候变化的实质性增量，因为它是一种强大得多的温室气体。以100年计，每一个甲烷分子的变暖效力是一个二氧化碳分子的23倍；这被称为全球变暖潜能值（GWP）。因为甲烷释放之后仅会在大气中持续存在7～10年，它会发生氧化变成二氧化碳并发生其他的化学过程，其在更为有限的时期里（即释放后的数年内）测得的全球变暖潜能值远高于23；人们也曾引用过100～200这一数值。很明显，大量甲烷的突然释放会产生巨大（可能较短暂）影响；我们稍后会在北极近海永久冻土带融化时所发生之事的角度考虑前述情况。

　　一氧化二氮则是一种浓度较小的温室气体，其在大气中的浓度为很低的 300ppb，存在时间约为 120 年。它主要来自人造肥料的使用。

臭氧和氯氟烃（CFCs）

考察温室气体的气候力量时，我们一定不能忽视臭氧和氯氟烃。臭氧是分子中具有三个而非两个原子且十分活跃的氧气形式；其分子式为 O_3。臭氧是一种具备吸收带的温室气体（见插图 5.1），但它于 1985 年却因为别的原因而出名，当时英国南极科考队队员乔·法尔曼（Joe Farman）登上南极高山之后发现了"臭氧层空洞"（ozone hole）。[4] 除了吸收一些从地球射向太空的长波辐射外，臭氧十分适合吸收来自太阳的最短波长的辐射。即能导致晒伤和皮肤癌的紫外线（UV）辐射。事实证明，短波辐射仅增加 10%，黑色素瘤（melanoma）的发病率就会增加 19%，此病是最严重、甚至是致命的皮肤癌。[5] 尽管马里奥·莫利纳（Mario Molina）和舍伍德·罗兰（Sherwood Rowland）早就预计氯氟烃会消耗臭氧（他们因为这个发现而和保罗·克鲁岑分享了诺奖）[6]，而法尔曼的测量显示，南极上空臭氧层消耗高达 70%，这为那些生活在"臭氧层空洞"下（这一区域可延伸至澳大利亚、新西兰、巴塔哥尼亚和南非）的人们增加了过多的紫外线辐射。此处的罪魁祸首来自人为引进的化学物质氯氟烃，它被用于空调之中，并作为气溶推进剂使用，它在大气中时会与臭氧分子反应并将其破坏。臭氧层空洞被发现之后，人类旋即采取了迅速的措施，1987 年的蒙特利尔议定书（Montreal Protocol）便规定逐步淘汰氯氟烃并支持危害较少（但并非无害）的替代品含氢氯氟烃（hydro-chlorofluorocarbons）。愤世嫉俗者说，这是因为已有替代品可用，但至少，曾经扩展至北半球的臭氧空洞现在正在后撤。尽管含氢氯氟烃成功阻止了臭氧的减少，但它自身也被证明是强有力的温室气体（见插图5.3，图中显示了它对全球变暖的重要影响）。

辐射强迫

为了比较所有这些温室气体与其他因素所造成的气候影响，科学家们提出了辐射强迫（radiative forcing）这种观念。在本书唯一的方程式中，我们考察了地球上整体辐射量的均衡状态——直接来自太阳的辐射由于地球反射率造成的辐射及其表面温度而被抵消。温室气体会减少地球射向太空的长波辐射，因此，我们可通过测量其中每种气体减少的外射辐射量来对其进行比较。再者，我们可以从增加的温室气体量等于它阻止地球发出辐射的常量加上太阳的辐射强度的角度思考——换句话说，如果我们将辐射强迫与太阳常数进行对比，它会显示我们在多大程度上扰乱了地球的天然热平衡。如果辐射强迫是阳性的，则意味着它正在让气候变暖。一些人为活动也引起了阴性的辐射强迫，例如将气溶胶注入大气层，它们会反射部分入射的太阳辐射。

插图5.3显示了政府间气候变化专门委员会（IPCC，2013年）第五次评估报告的最佳预测。它显示，总体的人为辐射强度为2.3瓦每平方米，外加来自太阳的地球整体平均辐射量的

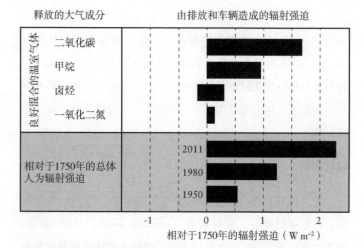

图5.3：不同大气成分的辐射强迫水平（来自气候变化专门委员会第五次评估报告）。

0.7%。大约55%的辐射强迫均来自二氧化碳，45%的其他所有来源中，甲烷为最重要者。从最近的1980年代以来，辐射强迫量几乎翻了一番（而这又是1960年的两倍），这显示出我们温室气体排放仍然十分迅速且不受控制，尽管近几十年来，政客、气候变化活动者以及著名科学家们都对此进行了呼吁和警示。

气候敏感性

第四章里，我们描述了冰芯里记载的过去40万年里连续的冰期和间冰期中气温和二氧化碳变化曲线之间的惊人相似性。这表明，至少在这个漫长时期里，经历过两次二氧化碳自然水平为180ppm和280ppm的时期，这主要取决于考察的时期为冰期还是间冰期。地球有两套均衡的温度设定，分别对应完全的冰期和完全的间冰期的特征，两套设定之间相差6℃。由此，我们可通过使用温度升高的幅度和二氧化碳浓度在冰期和间冰期的变化来计算二氧化碳含量翻番导致的温度变化幅度。计算结果为7.8℃的高值。[7]我们试图将这一数值应用到现代世界，并提问气候变化专门委员会为何将2~4.5℃作为目前的气候敏感性，但根据上述事实，这一敏感性应该高出很多。必须指出，这个"冰期气候敏感性"并未被充分考虑（尽管很简单）的一个原因是，它的确太高了。如果它适用于现代社会，便意味着目前我们排放进大气的二氧化碳量的潜在变暖效应才实现了一小部分，这个想法让人不寒而栗。

很显然，无论我们采用的气候敏感性数值高低如何，地球都尚未达到符合其自身实际敏感性的温暖程度。自1850年以来，全球温度整体上升了0.9℃，而二氧化碳水平则上升了50%，而根据气候变化专门委员会的数据，温度应该上升1~2.25℃，而根据冰期/间冰期的比例换算则为3.9℃。为何会出现这种差异？答案在于已经实现的温度增幅（realized temperature rise）这一概念。地球在如此多的辐射强迫中应该比现在温暖许多，如果我们能维持所有温室气体浓度不变，地球温度将持续上升，直到它达到气候敏感性规定的数值。但此刻，地球温度却落后了——它一直没有跟上不断增加的辐射强迫。什么因素让它变慢？主要是因为海洋吸收了热量，进而导致全球空气温度变暖速度的下降，长期而缓慢的热盐洋流过程（thermohaline processes，见第十一章）会让深海逐渐翻转、变暖，但庞大的海水却吸收了大部分额外辐射。地球表面72%覆盖着海洋。因此，好消息是地球变暖速度并不像预计的那样快。坏消息则是，我们终究免不了自食其果——海洋就像巨大的行星飞轮，它将确保地球变暖会持续数十载，即便我们通过一些非凡的努力而迅速停止排放温室气体亦是如此。而气候敏感性的数值的确很重要。如果这一数值为气候变化专门委员会所述的2~4.5℃，则气温并未落后于辐射强迫多少。但如果这一数值为7.8℃，则气温几乎还没有对辐射强迫作出反应，即便我们削减了温室气体排放，气温仍会大幅上升。

地球近期的温度史

全球温度发生的变化自1850年人为变暖进程开始显现以来还有许多细节值得我们考察。插图5.5显示了过去160年的曼恩-布拉德利曲线，其误差比之前1000年更低，因为从160年之前起，我们便有了温度计并且全球气象网络也开始出现。我们从19世纪中叶开始的持续迅速升温过程中看出了一个有趣的模式，1920—1960年期间气温发生过停滞甚至些许下降，然后又再次攀升。模型研究显示，这种现象可能通过停滞期煤炭用量的快速增长来加以解释，这一过程往大气中释放了大量气溶胶，暂时阻碍了全球变暖进程。

北极放大效应

如果我们再次查看过去160年的曼恩-布拉德利曲线（插图5.4），并将其与北极气象站记录的温度曲线相比，我们便

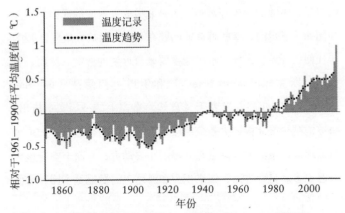

图 5.4：根据曼恩-布拉德利曲线得出的最近 160 年地球变暖趋势。

能看到它们有着相同的形状。插图 5.5 显示了北纬 60°至北纬 90°纬度范围内 19 个气象站测得的年均海水和空气温度值（SAT），我们在图中看到，全球变暖趋势遵循停滞和部分下降，然后再次迅速上升的趋势，北极数据也与此类似。然而，当查看变暖的程度时，我们发现尽管全球温度在过去 160 年里上升了 0.8℃，但北极气温却上升了 2.4℃。北极地区的变暖方式与世界其他地方类似，但幅度更大。这被称为北极放大效应（Arctic amplification），其放大系数在插图所示的案例中为 3。其他人则预计系数范围在 2 ~ 4 之间。

　　北极放大效应十分重要，因为它是全球变暖首先在北极发生的主要原因，同时也是北极的状况成为地球未来征兆的主要原因。眼下的两个问题是，什么导致了北极放大效应？近期它还在发展吗？

　　云层的变化，大气中水蒸气的增加，更多来自低纬度地区

的热量，海冰的减少等都被认为是北极放大效应的成因。正如
插图 5.5 显示的，这些解释的问题在于，北极放大效应自 1900
年代便已开始，因此它不可能主要来自近期的影响。然而，詹
姆斯·斯克林（James Screen）和伊恩·西蒙兹（Ian Sim-
monds）2010 年在其发表于《自然》杂志上的一篇文章指出，
海冰的减少是北极放大效应的驱动力。[8] 他们的论点是，如果来
自低纬度区域的大气热量是升温的主要动力，海面上空应该会
升温更多。另一方面，如果积雪和海冰盖的撤退是主因，海面

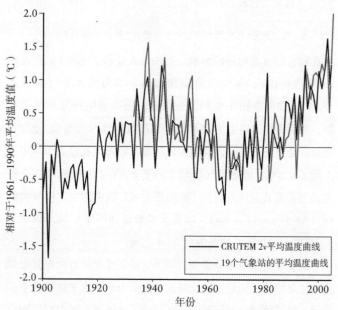

图 5.5：仅采用北纬 60°以北的气象站的数据得出的 1900 年以来的北
极温度数据图。来自 19 个北极气象站的平均温度值与网格区域平均温
度值（CRUTEM 2v）对照展示。

温度的升高会最多。他们证明了，升温的确主要发生在低空大气中，且与海冰撤退强烈相关。问题是，作者仅考虑了1989年以来的时间段，而夏季海冰在这一时期内已经出现了可测量的撤退现象。我们从他们的分析中最多能得出，近年海冰的撤退可能增加了北极放大效应的系数，但这一效应产生的时间比上述时期更早。

我们会在下一章证明，由于北极放大效应，北极海冰的范围正在迅速撤退，几乎可以肯定，北极大部地区很快将仅剩一片开放的海域。

第六章
CHAPTER VI

海冰开始融化

19 世纪的海冰

除了北极附近的土著居民，第一批长期关注北极冰川范围及其变化的旅行者就是在格陵兰海域中捕猎鲸鱼和海豹的人。其中最伟大的当属那唯一将捕鲸技能和科学兴趣结合在一起的约克郡的惠特比人小威廉·斯科斯比（William Scoresby Jr，1789—1857 年）。斯科斯比于 1820 年写了关于北极大洋环境的第一本著作，[1]该书侧重海冰的变化，到现在仍是极地科学的经典之作。

自然，英国政府因为斯科斯比的职业等因素而并未注意到他，尽管他后来也的确成为了皇家学会的会员。然而，1818 年斯科斯比宣称弗拉姆海峡（斯匹次卑尔根和格陵兰岛之间的海峡）北部的冰川正不断敞开时，政府部门都很惊讶并开始关注起此事：

在 1817 年和 1818 年的两年中，海洋比最年长渔民所记得的之前任何时候都要宽阔；海域面积约等于 2000 平方里格（square leagues），包括北纬74°和北纬80°之间以往被海冰覆盖的区域也看不到冰块了。

这可能为考察船提供了从较高纬度（北纬80～81°）抵达北极的机会，它们可从格陵兰岛东部的开阔水域抵达。斯科斯比自己则在更早的1806年到达了创纪录的纬度区域：

> 当我在父亲（他的非凡毅力在格陵兰捕鱼行业中无人不晓）指挥的"惠特比果敢"号上担任大副的时候，我们以惊人的努力面对迫近的危险，最终航行到远至北纬81°30′的地方。

已经在拿破仑战争中获胜的皇家海军（轻而易举地成为世界上最庞大的海军）无事可做，他们有可能因为抵达北极或发现通往东方的通道而获得极高的荣誉。因此，英国政府马不停蹄地开展了海军探险。他们没有重用拥有丰富北极海域经验的斯科斯比，而下令多萝西娅和特伦特地区一个毫无经验的皇家海军上校戴维·巴肯（David Buchan）指挥此次探险。其副手为名叫约翰·富兰克林的年轻中尉，这人注定会迎来漫长且最终被证明是多灾多难的北极事业。他们前往弗拉姆海峡的探险令人沮丧地以失败告终，因为他们发现冰川漂移将其带往南方的速度大于其向北前进的速度。这是斯科斯比自己未曾预料到的情况。

随后这支海军的探索兴趣便转移到了加拿大北极区域和西

北航道，敦提（Dundee）的捕鲸者每年都会前往格陵兰海，挪威捕猎海豹的人则会在北纬75°附近奥登冰舌（Odden ice tongue）的冰缘线附近从事捕捞活动，这是东格陵兰冰缘线东部的突起部分，格陵兰海豹会在春天带着自己的幼崽出现在这里（这一区域对海洋对流而言十分关键，第十一章讨论这一问题）。1872年，丹麦气象研究所成立，捕鲸者、捕猎海豹的人和探险者终于有地方呈送自己的观测记录了。这个机构编制的年鉴包含欧洲北极地区逐月记录的海冰范围图，人们现已将其数字化并加以分析了。[2]这些记录并未显示海冰变化的趋势，尽管存在意外的年份，比如1881年时，来自北冰洋的大量冰块进入到大西洋北部，并扩散到远至挪威北部的海岸。

　　自然，这些数据十分粗糙。从少数鲸鱼和猎豹捕猎者的观察记录和人们关于冰缘线通常所在位置的大量经验中，我们能推断出整个北半球的冰缘线。这种气象学方法甚至在卫星时代仍在使用。我记得自己20世纪80年代就见过丹麦气象研究所发送给船只的每日海冰范围图。唯一可用的卫星会记录可见区域中的海冰分布，因此，无云的气象条件是其起作用的前提条件（现在，我们使用能够洞穿云层和阴影的微波卫星进行观测）。格陵兰海域上方无云天较少，如果遇到阴天，研究所就会直接重复发布之前的海冰范围图。他们的经验法则是，直到新的观察数据出现才移动冰缘线，所以，冰缘线可能会在一周或更长时间里保持稳定而事实上只是被云层遮住了而已。

　　因而，人们无法轻易地从这些数据中看出海冰范围的变化也不足为奇，并且，人们会假定海冰有着稳定的年度周期，每年只会发生随机波动。这种情况构成海洋科学家们心中重要而未经验证的假设，他们会认为海洋中一切都很稳定，所以我们需要做的便是更加完整地探索海洋的未知部分，进而为海洋地图册添加新数据，这最终会为我们带来海洋的全部图景。当我1969 年第一次开始海上航行时，情况依旧如此，而我们的"赫德森号"轮船在南冰洋建立的海洋观测站则已被添加到海洋图集中了。但不久之后，科学家们便开始怀疑海洋面临巨大的变化——它有自己的天气和气候——而世界海洋图集的想法便逐渐遭到摒弃。

海冰的现代研究

二战之后，北极就不再是戏剧般英勇探险的舞台，而开始成为人们日常工作的地方。冷战为北极带来了空军基地和远程雷达站点，军人们使用地球仪代替墨卡托地图，他们惊讶地发现，俄美之间飞机和导弹的最短路线会穿过北极。军队和民用飞机开始监测海冰变化。20 世纪 50 年代初的世界还没有卫星，但古老的海豹猎手们的观察数据现已得到航空调查的补充，因为美国海军会定期派出飞机沿欧亚冰缘线从事观察活动（即"鸟瞰计划"）。加拿大北极区域当时遍布平民大气环境局的飞机，我也曾在 20 世纪 70 年代初期搭乘他们战时的旧飞机DC‐4 从事海冰实验。那时候，他们的基地建在纽芬兰的甘德（Gander），飞机上载有过去击剑战士适用的驾驶舱，它被焊在机身顶部，以方便海冰观察者坐在里面随着飞机的飞翔绘制海冰图。甘德唯一的娱乐项目就是名为飞跳俱乐部的跳水表演，他们有个上空装乐队，DC－4飞行员和机组人员都会在早起飞行任务之前在这里待上一晚。尽管这项科研工作早已结束，但我们绘制的海冰图还是非常有价值的。

正是通过飞机调查，人们开始收到海冰可能正开始消退的第一批证据（插图6.1）。海冰的消退仅在夏天才能看出来；海冰会在其他季节填满整个北极盆地并一直延伸至海岸，而人们尚需多年才可测得秋、冬、春季的海冰从海岸线分离的明显数据。

到20世纪80年代后期，夏季海冰的消退得到了新一代微

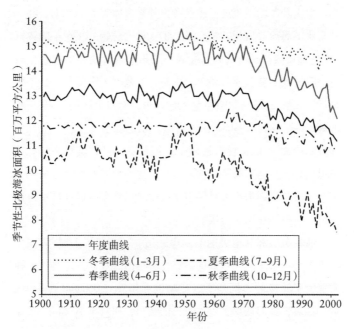

图6.1：自1990年以来四季中的海冰区域。

波卫星追踪数据的确认，[3]人们认为其消退速度为每 10 年 3%，这说明海冰还会继续存在很久。海冰观测发展至这个阶段后，我就能够通过将人们的注意力转移到第三维——深度，而作出自己的贡献了。海冰在消退的过程中也在变薄。多年来，我一直在英国核潜艇上测量北冰洋中海冰的厚度，我会用声纳（回声探测仪）查看冰下情况并生成草图（冰体浸入水下深度），测得的海冰的水下厚度不足其整体的 10%。受皇家海军之邀，我曾于 1976 年和 1987 年分别登上皇家海军潜艇"主权号"和"宏伟号"并随舰在整个北极做了长途航行。每次，我都会组织加拿大和美国飞机的遥感任务以补充海冰表面的数据，并让其与水下海冰数据相匹配。[4]将 1987 年的数据和 1976 年的数据（它们都从弗拉姆海峡到北极的一条相似轨道获得）进行比较后，我发现二者有显著差别。潜艇考察范围大致覆盖了整个区域后（插图 6.2）得出的结论是，1987 年的海冰约比 1976 年的薄 15%。我于 1990 年在《自然》杂志发表了一篇有关这种现象的论文[5]；该文首次提供了证据显示，卫星监测到的海冰消退现象还伴随着海冰变薄的进程。这一领域的科学进展完全依赖于潜艇，因为没有哪种卫星技术可以看穿冰盖并显示海冰厚度，它只能显示其范围。

我在英国和其他美国的同事一道，又花费了 10 年时间分析来自美国潜艇越发频繁的观察任务得出的数据，这些任务通常覆盖了北极的不同地方，比如波弗特海（Beaufort Sea）区域。最后，我们获得了令人惊讶的结果，相对于 20 世纪 70 年代，20 世纪 90 年代的海冰已减少 43%（据北极地区年度均值

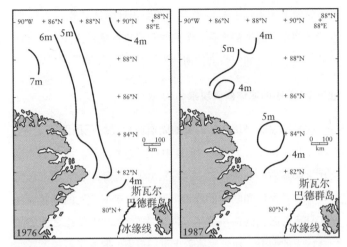

图6.2：从格陵兰到北极的平均海冰厚度轮廓图，分别为1976年和1987年。

计算得出）。华盛顿大学的德鲁·罗斯罗克（Drew Rothrock）及其团队于2000年基于美国的数据撰写的论文[6]以及我和同事们基于新的英国航行数据写作的论文[7]都确认了这一比例，尽管我们的数据得自北极的不同地区（我的数据包含北极的欧洲部分，而罗斯罗克的则包含北极的美国部分）。

这一发现的意义十分重大，尽管当时气候建模者大体上都没有认识到这一点。首先，由于夏季海冰也在减少，这就意味着夏季海冰在1970年代到1990年代丢失了60%的体积，这比人们没考虑海冰厚度时所担心的海冰损失量大很多。按照这个速度，夏季海冰在21世纪早期便会消失。但是，不仅政客和实业家不想面对这一事实，科学建模者也不愿意。所有这些人都在继续使用不切实际的模型，进而预计海冰体积一直到 21 世纪末都不会有大的变化。英国气象局仍在坚持这些空中楼阁般的预测。大自然很快会证明他们是错的。

过去 10 年中的冰体崩溃现象

北极冰盖会经历一年一度的周期循环（彩色插图 17），它会在 2 月份达到最大面积，9 月中旬则为最小值。冰盖的周期会比太阳辐射周期滞后 2~3 个月，因为后者需要时间来融化冰块并提升海洋和陆地的温度。过去 10 年中，人们都转而注意 9 月冰盖面积的最小值了，因为冰盖在 2005 年比之前的年份有较大的撤退，而夏季冰盖也头一遭完全脱离了西伯利亚和阿拉斯加的陆地，尽管格陵兰岛和加拿大群岛海岸附近还都连着（彩色插图 13）。尽管加拿大的西北航道仍大体上呈冰封状态，北海航线（此为俄罗斯对东北航道的称呼）则完全没有海冰了。2005 年 9 月的冰盖总体面积仅为 530 万平方公里，而 20 世纪 70 年代和 20 世纪 80 年代（当时"季节性均值"刚刚建立，见彩色插图 13 中红色部分）则为 800 万平方公里。我曾在 2004 年又一次搭乘潜艇航行并看到了海冰的持续性变薄进程，因此，我认识到冰体的加速消失只是冰盖对额外的变暖造成的变薄过程的反应，而这正是北极冰盖崩溃的开始。

北极冰盖在 2006 年部分恢复后，其面积在 2007 年甚至遭遇了更大的下降（彩色插图 13）。这一次，阿拉斯加和东西伯利亚北部的冰盖都被丢失了一大块，相应区域则形成了大面积的蓝色海洋。冰盖面积因此降至 410 万平方公里。但这一次，海冰的奇特分布导致西北航道完全无冰，而北海航道却在西伯利亚北部的威尔基茨基海峡处遭受冰封。

这种现象最简单的解释就是，它是冰盖由于融化而进一步变薄和崩溃的结果。但别的动力因素也起了作用。初夏阿拉斯加上空吹过的南风和西风会将仅存的冰块吹过波弗特海，随后又吹向弗拉姆海峡。北极国际浮标项目（IABP）中的浮标也显示了这一点。国际浮标项目是真正的国际合作，每年都会有一系列浮标放入北极海域并将其位置传输给追踪的卫星。2007年北极海冰迅速向东移动，部分浮标被快速移动的海冰浸过并落入海中，剩余的冰块就塞满了弗拉姆海峡。北冰洋出口的情形就像有人高喊"失火了"时挤满了人的电影院入口一样。

这种新的移动模式在21世纪头10年里变得愈加普遍。新的盛行风模式并不像我们在第二章中描述的那样会形成一个巨大的回旋，它会让海冰从弗拉姆海峡离开而无法实现大洋回路。多年冰已经参与到这个整体的移动之中，它们会从弗拉姆海峡漂出北极，而不会在之前所谓的波弗特环流中循环漂移。因此，每年北极多年冰的比例都会比前一年低，这一趋势会一直持续到多年冰完全消失。新冰也一直在形成，并漂移至弗拉姆海峡进而离开北冰洋，留下少许冰体形成多年冰。多年冰在21世纪头10年里的急剧下降可用微波卫星予以追踪，它能区分单年冰和多年冰。[8]新冰在北极的主导地位本身也是冰块平均厚度下降的原因之一，尽管气候引起的冰体形成速度下降更为重要。

2007 年：个人故事插曲

我的北极经历在 2007 年这个关键之年显得十分极端。我当时乘坐皇家海军舰艇"夜以继日号"（Tireless）进行环北极航行并测量海冰厚度，但这次使用的多波束声呐为我呈现了海冰下层奇妙的三维立体图（彩色插图 10），当时也是这种设备第一次在冰层下部大规模使用。我们穿过了整个北极，从苏格兰的法斯兰起航，进入弗拉姆海峡，然后环游至格陵兰岛北部，最后进入波弗特海。在波弗特海域，我们发现海面上方几乎所有的海冰都是单年冰。我们花了几天时间穿过了华盛顿大学建立的浮冰站的下方区域，该浮冰站名为 APLIS（应用物理实验室冰站），一群科学家正在那忙着钻孔测量顶层海冰，并使用电磁方法探测冰层厚度，他们还用配备了激光装置的飞机测量冰体顶层形状。3 月 20 号，潜艇方面和浮冰站双方合作产生的重要数据就要诞生时，一场灾难不期而至。傍晚时分，我正在声纳旁观看海冰，"砰"的一声，震耳欲聋的爆炸声突然传来，随之而来的冲击波和大量棕色烟雾迅速扩散至下层甲板的走廊中，然后又从楼梯弥漫至控制室，舰长飞奔上楼梯并大声喊道："急救站！大家戴上紧急呼吸系统（EBS）面罩！"

每个人都吓到了。然后，大家都冲向最近的面罩。我跑向舰尾以让出过道，然后又被人召唤进了无线电室，无线电操作员递给我一个面罩并将其接上了氧气。他真的很慌："太可怕了。我从来没见过这阵仗！"

没人知道发生什么事了。碰撞？核事故？我当时估计自己顷刻间就会一命呜呼——潜艇内部的爆炸往往意味着一切都完了——我们都戴上面罩，等待最后时刻的到来。但我感到了绝对的平静。我一点也不恐惧，也不惊慌。只是戴上面罩，坐在隔间，等待死亡。我甚至都不觉得心率上升了。这是我在北极区域离死亡最近的时刻，但奇怪的是，它并未让我感到不安。潜艇的灯光始终亮着，并一直在前进。

每个隔间都上报了情况，人们最后发现爆炸发生在潜艇前方的逃生舱内，发生爆炸的则是潜艇员们称之为"蜡烛"的独立制氧机（SCOG）。潜艇会通过电解水的方式为其内部的舰员提供呼吸的氧气，但如果舰上的电解器失效，比如被冻上了，就需要以别的方式更新氧气，比如将一罐氯酸钾放入装有催化剂的装置以产生氧气。其中一个这样的罐子在放入独立制氧机的时候发生了可怕的爆炸。当时舰艇上充满了有毒气体（高浓度的一氧化碳以及二氧化碳）和烟雾。

随后的情况因为"起火了！起火了！"的呼喊而变得更糟。这对舰员而言意味着最大的恐惧——在海上失火，更糟糕的是冰下失火，这种情况根本就没办法上浮。火被扑灭了，部分原因在于海水进入到了潜艇受影响的部位，部分也在于舰员的救火行动。被最终扑灭之前，火灾警报又两度重启，自然也伴随着更多"着火了"的呼叫。

当时，我们迫切地想要浮出水面。凭借巨大的好运，我们靠近了一个冰间湖。之前我们在经过每个冰间湖的时候都会将其绘制下来，最后一个经过的冰间湖离我们最近。我们便掉头向其驶去，进而停下来检查每个向上扫描的声纳传感器（舰头、舰身和舰尾处）上方的海冰，一旦将其清除，潜艇就能直接上浮了。由于舰长的驾驶技术，潜艇几乎整个都进到了冰间湖内。经过更多的部署和紧张的等待之后，随着我们向水面上浮，有线广播里传来："我们已上浮到冰间湖中。准备开舱。"舰舱被打开，通风机将新鲜空气吹进舰舱以清除有毒烟雾。

同时，耳边传来了伤员（们）的谈话，他们正被带往年轻水手诊断区（年轻水手诊疗的地方，也可改造为医务室）接受医生的治疗。乍一听，他们的情况似乎并不严重。但紧接着，可怕的传闻在舰上传开了："死了两个人！"

一位年轻的水手突然哭着进入无线电室，在无线电台旁哭着叙述了事情经过。他看到了尸体。事后我才知道了完整而可怕的真相。事故的确造成了两个水手的死亡，一人18岁，一人32岁。年长的水手头一天还刚刚庆祝自己参与到了这项任务中来。当时，这两位水手被派去放置"蜡烛"。当他们这样做时，独立制氧装置就发生了爆炸，四散飞溅的金属碎片让他们当场毙命。制氧装置的碎片嵌入到舰艇头部的隔间中，甲板被炸得扭曲了。两位水手当时并无逃走的机会。他们的尸体还挡住了舱口，让消防员难以进入。另外一位伤员的情况并不是很糟糕——他在爆炸发生的时候吸入了许多烟雾，但无大碍。

我们当时已经向应用物理实验冰站发去了紧急呼救信号，在我们浮出水面之后，一群美国人便乘着机动雪橇从营地赶来了，并带来了很多的医疗用品。四处走动的伤员由直升机在没有月光的暗夜直接带往浦鲁杜湾（Prudhoe Bay），随后，在该处等候的 C–130 运输机便将伤员带往阿拉斯加南部埃尔门多夫（Elmendorf）空军基地进行治疗。而那两具尸体则被抬出并被带往营地。

我曾经习以为常的仪式化的安全世界已吞噬了 6 艘航行中的潜水艇，恐惧和害怕久久不能散去。过去我每次开启新航程时的恐惧已成为现实，但现在这最糟糕的情况发生时，我却发现自己并不害怕且十分冷静。和我在一起的同事尼克·休斯（Nick Hughes）的感受和我一样。我们在甲板上度过了一整晚直到早晨才被带离。荒谬的是，潜艇官员曾多次告诉我这里有多安全——我所在的舰舱里甚至比水面更安全，因为潜艇反应堆受到很好的防护，而我们所在深度的水域则意味着自己周围的宇宙射线剂量比那些不幸生活在地表的人还低。潜艇中的生活似乎有种误导人的安全感——别人都以为你工作时穿得西装革履，吃得也好，舒服地坐在军官起居室里印花棉布座椅上。但我 50 次北极实地考察用的都是很不舒服的帐篷、小屋、船只、飞机、直升机、狗拉雪橇和机动雪橇，没有哪次比此次潜艇事故让我离死亡更近。

这个故事的结局并不让人开心。潜艇上已安排有人定期检查独立制氧设备上的裂纹，因为俄罗斯太空站"米尔号"（Mir）的独立制氧设备就曾因此失火，起因就是燃油泄漏到制氧设备的裂缝中进而生成了爆炸性混合物。潜艇上忠于职守的船员曾多次发回有缺陷的制氧设备，但海军基地只是将它们原样放回到潜艇上，并让舰员们继续使用以节省开支。后来成立的调查委员会于 2008 年 6 月 12 日报道了这一情况。自那以来，再无英国潜艇航行至北极。

令人惊讶的是，鉴于当时的情况，我飞回英国待了一周，然后又飞回应用物理实验室冰站发生此次事故之处附近做另一个实验，即使用自主水下航行器绘制少数压力脊的详细图景。其中一个（彩色插图 8）为仅仅形成于 7 天前的单年压力脊，因此我可以看到新形成的压力脊的模样，冰块在那里松散地像线状炉渣一样堆积起来，它们强度很低或者压根没有强度。现在，这种压力脊在北极比比皆是，而之前对破冰船形成巨大障碍的大型多年压力脊现已几乎消失不见。依靠自主水下航行器进行研究对我是很好的治疗：后来几个月里我曾咳嗽得厉害，但精神气十足。

北极海冰的进一步下降——以 2012 年为例

尽管北极海冰总量呈不断下降（且还在加速）趋势，但地区之间速度并不一致。随机的天气因素可能加速或延缓夏季海冰的撤退。如果某随机因素让特定年份的海冰得到部分恢复，气候变化怀疑论者就会欢呼这种情况是北极海冰压根没有消退的标志。而次年随之而来更加严重的消退则被无视。

9 月海冰范围表（彩色插图 13）显示出巨大的波动性，但也显现出强劲的下降趋势（彩色插图 17）。在经历了 2007 年的戏剧性波动之后，海冰面积徘徊在略高于该年最小值的范围，直到 2012 年夏季降至仅 340 万平方公里这一破纪录的低值。这一次，所有经度范围的海冰都在消失，即海冰真正的环形后撤，而不再是主导风向引发的缺口型消退。在这种情况下后来人们所谓的大北极旋风风暴又进一步创造了海冰后撤范围的创纪录低值[9]这场风暴于当年8月6日袭击了北极。它是自1979年气象卫星监测开始以来最激烈的夏季风暴。海冰范围已趋近夏季的最低水平，而根据美国国家航空航天局（NASA）戈达德太空飞行中心克莱尔·帕金森（Claire Parkinson）和乔伊·科米索（Joey Comiso）的研究，[10]这场风暴导致40万平方公里的海冰与主要冰体分离，并在风浪作用下分裂并最终融化。张金伦（音）及其同事[11]（来自华盛顿大学）的另外一项建模研究表明，这场风暴还造成额外15万平方公里的海冰消失，但这两项研究都一致表明此次风暴在关键时刻对北极海冰造成了可测量的影响。

夏季海冰的最后光景

2013年夏季的风暴活动较少，而风暴又往往会将冷空气吹向北极，进而在冰上形成新的积雪并减缓了海冰的融化，还提高了它的反射率。2014年的海冰面积也在之前年份值域范围徘徊，甚至还出现了些许恢复。但海冰的脆弱状态却十分清楚。我在当年8月份登上美国海岸警卫队破冰船"希利号"（Healy）出海并到达波弗特海南部冰缘线区域，随后我发现当地的冰盖融化得十分厉害，几近全部融化（彩色插图2）。海冰无休止的下降势头表明，这条下降道路上的部分恢复或波动都是其本来特征，我们预计2015年会再次下降，特别2015年会出现局部"厄尔尼诺现象"（El Niño），它会导致太平洋海域中风向和洋流模式的变化，从而有效释放海洋中储存的热量并更快地让大气升温。

事实上，我们于 2015 年 9 月得到了第四低的海冰面积值（彩色插图 13、17），而厄尔尼诺现象来也得更为猛烈，甚至 2016 年 9 月的海冰将不复存在。建模者仍然假装说 2050 年到 2080 年之间才会出现夏季无海冰的年份，但观察数据表明，这种假定完全是无稽之谈。而早在 2016 年，的确出现一位预测过夏季海冰会迅速消失的建模者，他就是来自蒙特利（Monterey）海军研究生院的维斯劳·马斯洛夫斯基（Wieslaw Maslowski），[12] 他具备两个优势：其模型能表现很小范围内的变化过程（其网格比例尺为 2.4 – km，这是气候模型的最佳尺度），并且他使用了属于蒙特利海军部门的世界最强电脑。而且，他还看重其他模型忽略或潦草对待的作用机制，特别是上层海洋中的热量在融化海冰及其在所谓混合层海水（即冰水界面下方的浅层海水区）状态改变中的作用。

我们可从海冰撤退最大值时的冰体聚集地图中看到年复一年的随机因素的重要性。彩色插图 14 显示了 2012 年 9 月 20 日卫星图上的海冰范围，这一天海冰撤退值最大。该地图由不莱梅大学（University of Bremen）使用与美国国家冰雪数据中心（NSIDC，博尔德）不同的技术制作，它显示了海冰在极值范围内的集中程度，而不仅仅是白茫茫一片。我们从该图可知，波弗特海域和俄罗斯北极海域冰缘线有一大片松散的海冰，再有两三天便可融化，而随机天气因素则能很容易让这种情况出现，这又融化掉一大片海冰区域，进而创造出比实际 340 万平方公里更低的新纪录。

开阔水域的海浪

海浪是随机天气因素之一，这一点对 2012 年的大风暴而言确凿无疑。随着夏季海冰面积的进一步下降，海浪的作用势必越来越重要，但即便草草看一遍 2007 年、2012 年和 2015 年的海冰区域地图也能明白，大面积开放水域现已在夏季海冰带周围出现。海冰的大面积撤退不断产生足够的开放水域，这让海风可以在之前受到庇护的海域（比如波弗特海）的冰缘线上产生大量波浪能。这可能足以撕裂海冰并加速其融化，从而让其进一步撤退。换句话说，气候变暖会导致海冰撤退，如此便会造成大片开放水域，这又让波浪得以形成，而波浪与海冰相互作用并导致后者破碎和融化，这又进一步打开了海冰。这是北极海冰反馈机制中最先出现的一种，我将在第八章详细讨论这一点。

研究波浪及其对海冰的影响是相对晚近的事情，我在这项研究的早期便投身其中。事实上，这项研究也是我 1973 年博士论文的主题。我于 1970 年以研究生的身份加入到剑桥斯科特极地研究所。导师戈登·罗宾（Gordon Robin）博士曾有冰川和海冰的研究经历，他同意带我参加海冰研究项目。我从事的这个项目在于了解海浪进入海冰区域时会发生什么。当时几乎无人对此有所了解。那时候，很少有海洋学家从事极地问题研究，因此，任何进入该领域的人都有大量尚未得到解释的现象可供选择和研究。罗宾博士曾经乘坐一艘带有波浪记录仪的船只航行至南极，其目的在于测量冰缘线以内不同距离处的波浪能，他还派出一名研究助理从事同样的研究。但这就是全部——两套数据集，而解释这些现象的理论则付之阙如。

幸运的是，那些日子的一个好风气就是计算机建模几乎还没被发明出来，当时的科研重点则是强调通过实地测量解决科学问题。我多希望现在也这样。戈登·罗宾十分热心地为我寻找开展实地研究的机会。1971 年 2 月我抵达南极才 4 个月的时候，他便利用自己在海军方面的关系（战时他曾在海军服役）将我送到皇家海军柴油动力型潜艇“奇迹号”上研究海冰中的海浪现象，该潜艇当时正前往格陵兰海域冰缘线附近，它也因此为第一艘驶入北冰洋的英国皇家海军核潜艇“无畏号”护航。

我在“奇迹号”上度过了一段美妙时光。这艘潜艇十分狭窄、肮脏且充满臭味，但很迷人。它整个就是一根管子，没有单独的甲板——控制室、柴油发动机、电池仓以及鱼雷发射管之间相互交织，就像二战电影中的 U 型船一样。必须强调，舰员们像战时一样，穿着带油渍的白色羊毛毛衣，从不换洗，睡在遍布整个潜艇空余角落的铺位上。我自己的铺位则位于军官起居室门外的甲板层下方，我头顶几英寸的上方还有另外一个铺位。军官起居室的管家晚上就睡上面，早晨他的铺位又变成桌子，管家会将厨房的早餐分发到这个桌子上的盘子里。当潜艇在水面翻滚时，早餐也常常会溢出并洒到我的铺位上。意气风发的舰长雨果·怀特（Hugo White，后来的皇家海军上将，舰队总司令）带领我们潜入冰缘线下方，又从绵延数千公里的大片浮冰内部上浮，这对柴油动力型潜艇（需要重复为电池充电）而言真是个大胆的决定。舰长先生还曾在浮冰上举行仪式为舰员颁发长期服役勋章。

就我的科研工作而言，我心中的科学英雄沃尔特·芒克（Walter Munk，他隶属于斯普利克斯海洋研究所）早在我加入的几年前便着手前期工作了，我参与的部分就是在冰缘线之内的海冰下面不同深度往复折返，并使用潜艇向上观测的回声探测仪测量海面范围，从而记录海浪随时间的变化范围，因为潜艇的下潜很深且不会受到海浪运动的影响，这让它就像一个稳定的平台一样。[13] 我当时对海冰的研究得出了一些优良的数据，[14] 这真是第一次准确的实地测量，这些数据显示，海浪的消退与距离呈指数关系。这证明了海浪正在被浮冰反推，其反推的海浪能则不断四散开去，进而减少了涌向海冰并可能将其穿透的海浪强度。我为这一过程提出了名为散射（scattering）的理论，后来又用机载激光装置做了更多的实地研究工作，并在 1973 年就此写作了博士论文。

几年之后，我在加拿大待了一阵后再次回到剑桥，之后又在蒙特利美国海军研究生院做了一年的访问教授，之后我又获得美国海军研究局（ONR）授权研究海冰中海浪急速消退现象，隶属研究项目名为边缘冰区实验（MIZEX）。[15] 许久之后（实际上晚至 2012 年）美国研究局恢复了对海冰中的海浪的兴趣，他们与当时许多海冰科学家一样怀疑夏季开放海域中产生的海浪的确足以打破其与海冰之间的平衡进而导致夏季海冰的消退。现在，我和一大批科学合作伙伴一道使用现代方法研究海浪－海冰现象。我们目前使用基于卫星追踪的海浪浮标记录海冰中的海浪能。一些浮标投放在北冰洋的广大海域，另一些则由阿拉斯加大学破冰船"斯库里雅克号"（Sikuliaq）于2015年10–12月的一次航行中短期投放在北冰洋冰缘线附近。

我们在"斯库里雅克号"上的经验证明了海浪–海冰相互作用的另一个气候面相。我们发现，早秋海水的重新冻结（即冰缘线和往常一样迅速从波弗特海南部扩展至白令海峡并进入白令海）并不会按照教科书所写的那样发生。相反，冰缘线的扩展伴随着新冰由于海浪而形成饼状冰的过程（pancake ice，对这种海冰的详细讨论见第十一章），但随之而来的风暴又会让新冰消失，因为海浪带到表层的水柱里的热量会将其融化。这些热量会在夏季无冰的海域累积。进击的海冰与坚守的海浪之间的战斗必然是海冰最后取胜，但海浪的战斗会拖延战事，其结果正如我（2016年5月）的文章所指出的，海冰面积会创下年度最低值，即2016年9月的海冰面积将会很低。同样重要的信息是，相比往年同期，2016年2月份成为季节调整之后有记录以来最温暖的月份，整整比1950—1980年2月平均气温高出了1.35℃。这种创纪录的现象贯穿了2016年春季的所有月份。

因此，我们发现，海浪–海冰在过去几个月以两种形式相互作用。北冰洋冰缘线周围的大片开阔海域会在炎热的夏季产生海浪进而渗透进海冰内部，然后散射开去，这会将大型浮冰分解为较小的碎片并加速其融化。而在秋季，更大的风暴会导致上层海水相互混合，这就将海水在夏季吸收的热量带到了表层，进而融化正在形成的新冰并阻止了海冰的扩张。

　　在下一章里，我们会将继续讨论海冰的减少并为其得出最后的结论，即夏季海冰盖的消失。然后我们会在第八章重新讨论海浪－海冰的相互作用机制，并描述海冰撤退对各种全球进程的其他严重影响。

第七章
CHAPTER VII

北极海冰的未来——死亡螺旋

海冰接下来会怎样？

聪明而谦逊的地球物理数据分析师安迪・李・罗宾逊（Andy Lee Robinson）提出了一种展现北极海冰体积数据的办法，它清楚地表现了夏季海冰的迅速减少将如何导致其自身消失以及一年中其他月份海冰量下降的情况。我们以插图 7.1 作为分析的起点，该图显示了夏季海冰量随时间变化的趋势。这张图建立在插图 6.1 显示的海冰下降面积数据之上，同时它还使用了海冰厚度数据。我们用海冰面积乘以其厚度便得到其体积，由于海冰面积和厚度都在下降，因此其下降的相对速率也在增加。图表中的海冰下降趋势最符合线性特征，但 2002 年以来的数据则能看出下降的趋势在加速。换句话说，由于厚度的影响，海冰的消失速度比我们仅考察其面积数据而得出的结论要快。

插图 7.1 融合的这两类数据的准确度并不一致。海冰面积数据很准确——它得自卫星图像，这些图像会告诉我们海冰范围（即外部冰缘线以内的海冰区域）和面积（即海冰覆盖的实际区域，其内部可能存在开阔水域）。而插图 7.1 中使用的海冰厚度数据则不那么准确，它得自某种简单的模型，而该模型并未监测到整个北冰洋的海冰厚度。人们现在已设计出开展这类工作的卫星了。这种卫星就是欧洲航天局（European Space Agency）于 2010 年发射升空的"冷星 2 号"（CryoSat－2，冷星 1 号在发射之后不久就失效了）卫星，它使用雷达测高仪来测量冰面相对水面的距离，即出水高（freeboard）。从冰面反射回来的雷达波束测得的精确距离会告诉我们海冰相应的出水高。我们会基于所知的海冰和积雪密度得出的换算因子将出水高换算成海冰厚度。这一因子会随着一年中不同的时间段和北极区域以及海冰类型等因素而有所变化，因此不必惊讶于我们会争论何时使用哪种因子。"冷星 2 号"的海冰厚度数据已经发布，[1] 但其数据仅始于 2012 年，同时遭到了许多批评。我感兴趣的是自 1979 年以来海冰变化的整个趋势，所以我更倾向于使用潜艇对北极海冰横截面的研究得出的部分数据，这项工作主要由华盛顿大学的德鲁·罗斯罗克及其同事马克·温思拉汗（Mark Wensnahan）[2] 和我本人分别在美国和英国分别展开。华盛顿大学一项名为跨北冰洋建模与一体化系统（PIOMAS）的计划采集了海冰的厚度数据并将其用于一个十分简单的模型，它基于潜艇航行得出的部分数据（它会将我们所知的海冰类型的分布范围、年代及其变化动因，比如空气温度等内插值进行相应替换）而计算整个北冰洋的海冰厚度均值。所以，跨北冰洋建模与一体化项目产出的并非纯粹的数据，而是与我们可能面临的现实最接近的东西，建模对这些数据分析的影响被降至

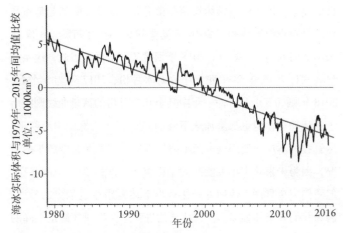

图 7.1：过去 30 年中夏季海冰体积的下降趋势。

最低。在这方面，它与气候变化专门委员会的气候模型得出的结果完全相反。

罗宾逊巧妙地将这些结果展现了出来。他将插图 7.1 包装成一个时钟型演示文稿，其中的起点是位于 12 点位置的 1979 年，指针顺时针绕表盘一圈重新回到 12 点位置则代表了我们现在。时刻与表盘中心的距离就是相应年份特定月份的海冰体积均值。其结果就是由 12 条曲线组成的集合（彩色插图 16），如果北极冰量不发生变化，这一结果就将是一组同心圆。但这些曲线都向中心旋转，9 月的曲线几乎已抵达中心区域。看到这种结果后，博尔特国家冰雪数据中心的冰川学家马克·塞勒泽称其为"北极死亡螺旋"。

如果我们考察北极死亡螺旋，甚至如果我们查看插图 7.1 所示的时间序列中的单个冰川体积值就会很清楚，实际上，北极的夏季海冰将无法继续长期存在下去。这种下降的趋势将导致北极夏季海冰体积于 2016 年夏季的 9～10 月归零，2017 年归零的时间为 8～10 月，2018 年则是 7～12 月。因此，这条趋势线预计 2016 年会有两个月的无冰月份，2017 年为 3 个月，2018 年则为 5 个月。而一年中其余几个月份的冰量曲线则滞后于上述趋势，但也都呈加速下降的趋势朝死亡螺旋中心靠近。尽管我们不应该使用这种简单的外推法预测未来北极冬季的情况，因为未来几十年可能有大量因素会改变北极冬季的状态。但我们完全有理由使用外推法获得上述夏季冰量消失的日期，因为我们并未外推多远。一些新的进程总会出现并修正下降的速度，但目前还不存在这种迹象，这种下降的趋势最多再持续几年就会让北极 9 月的海冰消失。甚至可能在本书出版之前，这种情况便已出现。

我们在第六章的数据中已经看到了这种"波动因素"，即任何一年中，明确而强烈的长期趋势都可能受到海冰生长和撤退过程的关键阶段出现的天气事件等随机因素的干扰。但波动只是暂时的，长期趋势将不可避免。毫无疑问，插图 7.1 的时间序列呈现出的强大趋势会令夏季海冰很快消失。该趋势指向 2016 年，当然，波动可能会让夏季海冰消失的日期推后——但不会推迟太多。

科学家用"消失"这一术语表示冰盖主体的消失以及北冰洋随后向美洲大陆和欧亚大陆的开放。很明显，一些浮冰会继续存在，尤其是海岸线附近和西北航道等区域，但其面积则仅为 100 万平方公里左右。但冰盖主体将消失。正如下一章展现的，我们能检测到的每个北极反馈机制都呈阳性，没有任何可以想到的进程会减缓或终止夏季海冰的消失。

让我们回想一下近些年夏季海冰加速下降的原因。多年冰几乎已经消失，即使北极大气环流突然发生变化，北极区域今后一两年中保存的新冰也不会从根本上增加海冰的厚度。而夏季无冰海洋的升温还在继续，这将进一步推迟海冰在秋季的冻结速度，随温暖海水而来的融化和海浪则会加快现有海冰的分解速度。

我们是否已经越过了临界点？

近些年，"临界点"（tipping point）概念甚至在那些与气候无关的领域也变得十分流行，它已变成一个意义十分宽泛的术语。我将采用它的严格定义，临界点出现在系统受到超过一定限度的压力而进入到新状态的时候，即便这种压力消失它也不会回到其初始状态。我们许多人在学校都学过胡克定律。电线或弹簧受砝码拉伸，其拉伸长度与施加的砝码成正比；砝码移除之后电线就会恢复到原有长度。但如果砝码过重进而超出了电线所谓的弹性极限，则同等重量的砝码拉伸的长度就会越大。如此，电线在砝码移除后就无法（且永远不会）恢复到其初始长度，因为金属的晶体结构已经改变。此时，电线便越过了临界点。北极海冰是否已经达到临界点？我认为的确如此，原因如下。

我们知道，北极冬季的多年冰范围正逐年减少。[3]这部分是受到大气压力场的影响，这一因素现在正将海冰从其形成的区域驱赶出北极盆地，而非让其随巨大的波弗特环流长期漂移。如果这种局面继续维持，更大面积的海冰将随时间推移而彻底融化，因为与过去相比，单年冰的生长速度越来越慢，融化速度也更快，进而今后每一年都会有更大区域的温暖海水呈无冰状态。一旦冰盖在某个夏季完全消失，之后的冬季海冰将全部为单年冰，它们又会在来年的夏季再次融化。因此，多年冰基本无法再次形成。进而，夏季海冰融化的速度与其冬季的生长速度之比达到所有的单年冰都在夏季融化的程度时，海冰的临界点就出现了。到那时，单年冰将无法留存到 10 月（海面冻结开始的时候）并形成多年冰，而北极区域多年冰的比例不仅不会增加而且会一直减少直至完全消失。然后，未来的北极将永远（至少到气候再次变冷之前）仅剩季节性冰盖。

斯蒂芬·蒂奇思（Steffen Tietsche）及其同事 2011 年的一篇不同结论的文章获得了公众大量的关注，[4]但其文中的论证完全是误导性的。作者提出了去除整个北极冰盖（在一个模型中）的人工程序，并发现冰盖在两年内就恢复到其原有水平。在这个程序中，冰盖持续减少以响应模拟的气候变暖的周期为 21 年，而冰盖每次都能恢复到其先前的状态。作者得出结论，海冰的撤退是可逆的，我们为了再现北极冰盖而必须要做的全部事情就是，在其消退的时候将碳排放减少至辐射强迫不再起作用的程度。这个结论不合理，原因有二。首先，在计算机模拟中完全去除冰盖的行为是对冰盖的人为改变，这并未改变其他任何条件，因此，冰盖随后自然会回到之前的状态。其次，天然冰消失过程可逆的结论无法解释二氧化碳引发的辐射强迫所导致的时间滞后现象，而排入大气中的二氧化碳量对气候系统造成的持续影响会超过 100 年。即使二氧化碳排放量大幅减少也不会导致气温持续多年甚至几十年的连续下降，海面温度更是如此。

我们何以知道这一切终将发生？

作为一位实验科学家，我最奇特且沮丧的经历就是人们对数据的态度的变化。毫无疑问，当我年轻时，对各种北极现象的观察和测量都自动被认为是合理的，而从观察到的趋势外推则被认为是预测将来（至少短期内）发生之事的最佳方式。但此景不再。如果基于观察的预测让那些主要观察模型数据的科学家感到震惊，有些人会无视预测结果，并用可能已经失效的计算机模型得出的预测取而代之。我在 2012 年第一次遇到这种情况，当时我为北极海冰迅速下降而向下议院环境审计委员会（House of Commons' Environmental Audit Committee）作证，两周后，英国气象局首席科学家茱莉亚·斯灵戈（Julia Slingo）女士直接驳回了我的证词，她以自己的方式向委员会保证道，模型分析者说海冰还会持续存在很长时间，并以此排除了夏季北极海冰会在未来数年内消失的可能性。2014 年，我又一次就北极海冰迅速消失的问题向上议院专家委员会作证，坐在我旁边的建模者再次直接反驳了我的证词，他说模型预计夏季海冰会继续存在至 2050 年—2080 年。离奇的是，甚至外行看了彩色插图 16 中基于确切数据的曲线后，也能得出夏季海冰无论如何也不可能持续存在那么长时间的结论。然而当这些建模者的建议提交给政策制定者后，后者就会在面对气候灾难面前无动于衷，而这灾难却像高速列车一样向我们驶来。

跨北冰洋建模与一体化项目中的数据给出的趋势有力地告诉我们夏季海冰消失的时间将是 2020 年。任何想要否认这一日期，并用更晚的日期取而代之的人都必须解释为何海冰量会背离上述趋势。唯有如此，夏季海冰才能长期继续存在而非仅仅眼下一两年，但目前并不存在实现这种结果的机制。如果你不否认这一日期，并将跨北冰洋建模与一体化产生的数据作为最佳预测的基础，那么，这种预测不仅会得出 2016 年或 2017 年 9 月北极无冰的结论，而且还会得出在 21 世纪 20 年代之前的某年中的 7~11 月就会出现海冰消失的结论。这个世界令人忧虑的是，这种趋势的否定者不仅包括正常的怀疑者，比如被误导的政府科学家或者被收买的化石燃料支持者，还包括建立于 1992 年的一个被寄予厚望的团体，它以科学的姿态警告世人，如果继续增加二氧化碳排放将会发生什么。我指的是政府间气候变化专门委员会，其 2013 年的第五次评估报告并未提出北极海冰会很快消失的警告，而是达成了海冰会在本世纪很晚的时候才消失的"共识"。这一共识故意忽略了观察数据，并支持了已被证明为误的模型。

这是对多数科学家十分尊重的团体的严正指责，但如果我们看看 2013 年评估报告为政策制定者提供的概要，特别是该报告第 21 页图 SPM.7，这种指责就显得合理了。[5] 插图 7.2 显示了该图的（b）部分，其中涉及 4 种误导方式。首先，2005年的数据中下方有个大黑条。正常人会设想它是黑色曲线，其

灰色的误差线位于该黑条左侧，图中标注写道：这代表了9月
海冰范围的历史数据。总之，它包含了1950年到2005年这一
大体上安全的时期，所有的数据都已囊括在内。但事实上，这
是"使用历史重构的力量模拟历史演化"。换句话说，即便数
据可用，气候变化专门委员会还是倾向于使用历史模型，毫无
疑问这种模型显示的海冰下降速度比实际和缓。止步于2005
年的历史曲线具有严重误导性，因为正是2007年以来发生了
最具灾难性的海冰下降趋势，这一点不应该从图表中省略。第
五次评估报告应该考虑到2012年以前发表的数据，并且截止
这一时期的数据肯定都已发布。但不知何故，该图中的历史终
止在了2005年，之前第四次评估报告的过渡数据则发表于
2007年。再来看未来预测部分，尽管这些预测始于9年前的

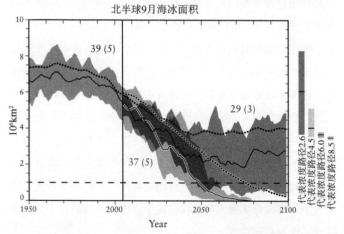

图7.2：气候变化专门委员会第五次评估报告中供政策制定者参考的概
要部分，图SMP.7（b）

2005 年，我们看到的仍是两条带有误差线的曲线。一条是未来碳排放"代表浓度路径 8.5"（RCP8.5）的情况预测，另外一条则是"代表浓度路径 2.6"的情况预测。

我需要简单解释这种看待温室气体强迫的不必要且复杂的新办法。RCP 就是"代表浓度路径"。它后面的数字表示与工业革命前的 1750 年相比的 2100 年的总体人为辐射强迫。所以，8.5 就是 8.5 瓦特每平方米，这通常被认为是我们在"一切照旧"的情况下最终达到的状况，即我们不对碳排放水平做任何干预（实际上会达到甚至超过这一数据）。代表浓度路径 2.6 的预测则显得可耻，因为它预计 2100 年的辐射强迫为 2.6 瓦特每平方米，而我们在 2030 年就会超过这一数值。为什么我们在绝对做不到的情况下（无论我们变得多善良都不行）还要作出这种预测？人为辐射强迫在 2011 年达到了 2.29 瓦特每平方米，相比 1950 年的 0.57 和 1980 年的 1.25 都有所上升。这一数字翻倍的时间似乎是 30 年，因此，我们根本不可能把它降至可控范围，以至于到 2100 年时这一数字仅为 2.6。因此，代表浓度路径 2.6 是完全误导人的数字，似乎在报告中引入这一数字仅仅是为了满足读者的虚假安全感，读者会感觉到，如果我们努力尝试就能控制气候变暖，于是，让人舒服而非令人不快的预测就会得到广泛支持。气候变化专门委员会已承认，代表浓度路径 2.6 场景只能用某种尚未发明的方式去掉大气中的碳成分实现，而非仅仅减少碳排放（我们几乎无法做到这一点）就能做到。

我们再看看图 SPM.7 及其预测。其中的两个预测都高度

可疑。代表浓度路径 8.5 表明，夏季海冰量会稳步下降直到在
2050 年完全消失（即降至 100 万平方公里以下）。然而该曲线
开始于 2005 年，我们已经证明了该处曲线避免了与真实数据
对比的尴尬局面。事实上，2012 年 9 月海冰范围已降至 340 万
平方公里，而代表浓度路径 8.5 场景显示直到 2030 年才会降
到这一水平。预测提前成真！那么，为何这个模型压根没包含
任何真实数据？而且我们记得，这个模型旨在显示高排放情
景。而代表浓度路径 2.6 中不可思议的低排放量显示，海冰并
不会消失，而且会在本世纪晚期逐渐恢复，从而在 2100 年达
到比今天少不了多少的 300 万平方公里。这种狡猾的说辞从何
而来？当这份报告首次出版时，看过它的两位记者给我打电话
说，"噢，我看见气候变化专门委员会预测海冰会在本世纪恢
复。这意味着我们不用做任何事情干预全球变暖，对吗？"这
个预测图的起草者肯定已经达到了自己的目的。这是科学欺诈
的精彩实践。

事实上，气候变化专门委员会中各种势力之间平衡而达成
的"共识"并不能回答我在本章之初提出的问题，因为他们
的模型甚至无法解释我们现在的情况，更别提未来的情况了。
且这份共识并不能合理地证明即将发生的事情。鉴于现有的数
据，否定海冰消失的人们负有举证责任。我们甚至都没有谈到
任何一个预防原则，像甲烷排放的情况一样，来采取行动以防
万一。此处的情况真实可靠，应该作为采取行动的依据，而不
是否定和隐瞒的对象。如果荒谬的"共识"让我们无视正在
发生的快速变化及其影响，世人将付出巨大的代价。

海冰消退的直接结果——北极航行

很明显，未来北极区域的冰盖面积会大大降低，夏季尤其如此。我们会在下一章说明这对气候系统的重大意义，以及海冰消退引发的反馈机制将带来的潜在的灾难性后果。然而，对航行和石油勘探这两种人类日常商业活动而言，也会受到影响。

海冰越发稀少的北极为该地区的航运业发展带来三种可能：对美国北部西北航道的商业开发；俄罗斯北部北海航道的商业使用；发展从白令海峡到弗拉姆海峡的真正的跨极地航线。

正如我在第一章提到的，人们试图穿越西北航道时总会面临许多海冰。早期探险者在探索西北航道时会同时面临两项不可能完成的任务——调查巴芬湾和白令海峡之间异常复杂的航道网络，而且只能在夏季海冰消退到足以让船只通行的短时间内才能取得一点进展。这两个任务无法同时完成，但皇家海军作出长期努力的原因之一是他们最初的一次尝试差点就成功了。1819 年，威廉·爱德华·帕里（William Edward Parry）中尉（后来的海军上将）被派往赫克拉和格里珀（Hecla and Griper），因为运气和特别顺利的航行季节，他成功地通过了梅尔维尔子爵海峡（Viscount Melville Sound）并顺利抵达梅尔维尔岛，在该岛度过冬天之后便返回了。这次航行代表着人类几乎彻底通过了西北航道。帕里在后来的探险中再也没能重复这次壮举，其他任何人也都无法与之匹敌，这倒不是因为航海技术不够，而是因为海冰太多。西北航道上的航行每一年的变数都很大，因为海冰有可能在夏季融化成小块，并被海风和洋流带离那些相互关联的通道要塞，船只因此得以通行。帕里面对的几乎是无冰的航道，但在19世纪没人真正遇到该航道无冰的情况，所以风力帆船从来没能通过西北航道。

　　随着蒸汽动力船只的出现，西北航道的通行就变得更容易了，但首批适合北极探险船只的蒸汽机却动力不足，且因为煤炭消耗过高而只能短时间工作。1845年，海军部门派约翰·富兰克林爵士（Sir John Franklin）考察西北航道，并试图让他一劳永逸地解决该航道的通航问题。他的两艘分别名为"厄瑞博思号"（Erebus）和"特罗尔号"（Terror）的船上都装有火车机头，机头经装饰过的橡胶带与螺丝连接，但仅有25马力，几乎无法让船只在水上航行（最大速度为4节），因此，这两艘船未能拯救富兰克林一行人被困威廉国王岛的绝境。不幸的是，富兰克林死后（很可能是自然死亡），他的副手便抛弃了被困的船只，并带领船员经陆路艰难无望地向南跋涉；结果128人全部遇难。1903—1906年，探险家阿蒙森（Amundsen）终于成功通过西北航道。阿蒙森一如既往地以斯堪的纳维亚人特有的才能和常识解决航行中的问题，他驾驶的是配有热球式发动机（hot-bulb engine，一种较早的汽油发动机）的小型单桅鲱鱼船"约阿号"（Gjøa）。这艘船的主要优点是小巧和吃水浅，能在夏季搁浅残冰和海岸线之间的浅水区航行。而因为船只吃水深，富兰克林只能在中间航道上航行并因此受困。阿蒙森在威廉国王岛上现在被称为约阿港的地方停留了两个冬天，以进行磁性测量，并以各种方式与当地的因纽特人交往，以学习他们的探险、制衣和狩猎技术。这里成了他的北极大学。

阿蒙森之后，人们几乎已经遗忘了西北航道。尽管已经通航，但很明显，该路线并不具备日常通行的条件。第二艘成功穿过该航道的是 1940—1942 年间执行巡逻任务的加拿大皇家骑警电机纵帆船"圣洛奇号"，传奇警长亨利·拉森（Henry Larsen）指挥了这次航行。战后，大船终于都开始通过该航道了；此后最早的是 1954 年通过的军事破冰船，加拿大皇家海军舰艇"拉布拉多号"（我很高兴于 1978 年搭乘它前往纽芬兰开展海冰研究，不久之后它就报废了）。这之后，巨型油轮"曼哈顿号"出现了，其所有者亨布尔石油公司（Humble Oil Inc.）为其设计的载重是 10.5 万吨，其任务是将北极地区的石油经阿拉斯加北部海岸的浦鲁杜湾运至东部和欧洲的广大市场。这艘船的船首经过特别加固，但其动力却与其尺寸不匹配。它在航线上被困住过几次，不得不出动加拿大政府强大的破冰船"约翰·A.麦克唐纳号"（John A. Macdonald）进行破冰救援。它还曾因为撞上浮冰而出现泄漏事故，导致其水箱里的淡水逐渐被海冰填满。这艘船的两次航行分别在 1969 年和 1970 年，由于航行中的负面经验，跨阿拉斯加输油管道作为十分昂贵的替代方案得以铺设，北坡油田（North Slope）的石油得以经由它通向消费市场。

1970 年，轮到我们乘坐的"赫德森号"穿过西北航道了，一道通行的还有赫德森的姐妹船"巴芬号"，我在本书开头介绍"赫德森–70号"的探险时已述。我们的船长选择了经由威尔士亲王海峡进入帕里海峡的直航路线，这是"圣洛奇号"1940年、"拉布拉多号"1954年以及"曼哈顿号"1969年曾走过的航线，但比阿蒙森经由皮尔海峡（Peel Sound）、富兰克林海峡和加冕湾（Coronation Gulf）的路线更靠北。我们很顺利就通过了威尔斯亲王海峡，但航行至北端时，却被位于帕里海峡西端和麦克卢尔海峡（M'Clure Strait）南端无法通过的海冰所困。这种情况在历史上一直阻碍着船只的通行。真正来自北冰洋的极地海冰可经由麦克卢尔海峡向南漂移，并形成多年冰组成的完整屏障。麦克卢尔于1885年驾驶皇家海军舰艇"探索者号"寻找富兰克林时因为这些海冰屏障而沉没，"探索者号"的残骸直到2013年才被加拿大潜水员发现。跟很多先驱者一样，我们也不得不求助于"约翰·A.麦克唐纳号"破冰船救我们于困厄之中，以便能安全及时抵达哈利法克斯（Halifax），并以第一艘环游美洲船只的身份受到正式欢迎。[6]

西北航道中的航行现已司空见惯，但货运航线却没有出现。政府的破冰船开拓了路线，冒险的游艇也偶尔悄悄通过，人们正努力在航道中建立一条游船路线，我在这一过程中也小小地发挥了向导的作用。我的船只是海冰加强型船只"拓荒者号"（Frontier Spirit），一般仅为6000吨级别的小船。1991年，它曾在西北航道上由西往东航行，但未到达比阿拉斯加北部海岸更远的地方。次年，它由东往西航行，这一次顺利地通过了，但还是向加拿大政府的两艘破冰船"特里·福克斯号"（Terry Fox）和"富兰克林号"进行了求助。当时，它刚刚离开威廉国王岛西海岸就被困住了，该地几乎就是 1845 年富兰克林的船只受困并最终失事的地方。再次强调，这种情况就是因为北冰洋中来自麦克卢尔海峡的浮冰往更远的东南方向移动，从而在该海域堆积形成巨大的多年冰。

即便西北航道近年来的冰面状况已经回暖，它也并未自动成为可通行航道。正如我们在表 12 中的地图中看到的，该航道完全开放于 2007 年而非 2005 年。尽管夏季残留的海冰比以前少得多，即便浮冰总会碎解，但这仍无法保证海风和洋流会将碎冰运出航道并留下自由航行的空间。因此，尽管开采巴芬岛上铁矿的矿石运输船已频繁经过航道的东端，但我怀疑货运船还需要几年时间能才通行。在小型游轮"世界号"于 2012 年成功通过西北航道之后，人们还计划在 2016 年派遣大型游轮"水晶尚宁号"（Crystal Serenity）通过该航道。

相比之下，俄罗斯北部的北海航线则被证明取得了经济上的成功。这个航道在地理上简单许多；那里的人们要做的事就是静候海冰在夏季向北后撤，进而让出靠近海岸线的空旷通道。如今，该航道主要的海冰堵塞发生在西伯利亚北部的威尔基茨基海峡（Vilkitsky Strait），该处的海岸线向北转弯，新西伯利亚群岛也形成阻碍因素，海冰有时整个夏季都会在这两个地方聚集。我们查看彩色插图 13 便知，北海通道在 2005 年而非 2007 年处于无冰状态。而最近几年，每年夏天这里都没有海冰，胆大的航运公司已开始在整条航线上派出货船和油轮了。2013 年，154 天的季节中共计有 49 次通航，运到该航道东西端各处港口中的货物则有 1355897 吨。[7]2014 年，该航道的货运吨数因为一些货运商的退出降至 27.4 万吨。然而，将北极液化天然气（LNG）运往市场的承运商似乎前景光明；油轮运输石油的前景也是一样；往来于西伯利亚聚居区的货船和各种专业船舶也都是如此。例如，有人建议从阿留申群岛的美国渔民处购买鲑鱼和其他鱼类的日本冷藏船直接经由北海航线抵达欧洲；人们还建议在北海航道上设立一条运输核废料的航线，从而让运输船避免任何海盗的袭击。但奇怪的是，集装箱运输在该区域似乎并不被看好，因为集装箱贸易的模式要求装货点和目的地之间的航线上设立经停站点，而这在北海航道上无法实现。但这并未阻止斯卡帕湾奥克尼群岛（Orkney）和冰岛等地热情的地方当局，他们都热情地提议将各自的城镇设立为大北极区域集装箱码头的站点。上述情形并不新鲜：部分北海航线在两次世界大战之间，便已作为运送可怜的政治犯到古拉格群岛（Gulag Archipelago）最险恶区域的航道，而且仅需部分北海航道，其沿线的港口就能开展强劲的贸易。许多年前，我在剑桥做完讲座之后，一位前英国商船船员走到我跟前说道，他曾在 20 世纪 30 年代驶往伊加尔卡的木材船上工作过。现在的新情况就是夏季航运更可靠了，因为整条航线无冰的可能性很高。

因此，我们在夏季已经有一条可靠的跨北极航运路线了，另一条也即将出现。而我们最后的目标则是建成真正的跨极地航运线路，并让来自北太平洋的船只经白令海峡直接穿过北极，再从弗拉姆海峡进入大西洋，这取决于海冰进一步消退的情况。这条航道将大量缩短路程：横滨到汉堡经北海航

道的距离为 6600 海里，经苏伊士运河则为 11400 海里，若经
跨北极路线，路程会大大缩短。跨极地航线的其他好处则是
该航线大部分航段为深水区，且独立于各国当局，因此不必
向他们（尤其是俄罗斯）支付过路费。但安全管理仍属必须，
出现意外的时候也需要安排搜索救援（SAR），这些事宜都由
北极理事会管辖，它是拥有北极领土的八个国家（俄罗斯、
美国、加拿大、瑞典、芬兰、挪威、丹麦和冰岛）组成的协
会。目前，像韩国这样的造船大国正在积极地设计能够在没
有破冰船护航的情况下也能运送货物通过单年冰阻碍的海冰
加强型船只。这样的船只可能类似于诺里尔斯克镍业公司
（Norilsk Nickel）的船只，该公司使用船尾经过海冰加固的船
只运输北极地区的镍矿，这种船在可 360° 旋转的吊舱驱动装
置协助下可迎着海冰逆行。

海冰后撤的即时影响——石油和海底

海冰消退的另外一个直接后果就是，北极的石油勘探范围
比以往更广。直到最近，多数石油勘探都在北极的浅水区进
行。例如，波弗特海域最早的近岸油井位于很浅的水域，即马
更些河三角洲（Mackenzie River delta）普拉德霍湾（Prudhoe
Bay）几米深的地方，其建造方式则是直接将沙子堆成一个护
堤，然后将钻机架在顶部形成一个人造岛。然后再向更深的地
方（几十米深）搜索，但这仍然可通过某种底部安装结构加
以处理。俄罗斯北极地区的情况也是如此，人们在亚马尔半岛
（Yamal Peninsula）和库页岛（Sakhalin）近海数十米深的地

方，从底部安装的平台处钻井。这些浅水区部分属于海冰会在一年的部分时间里消失的季节性冰区。

但随后对石油的搜寻以及何处出产石油的想法都会将钻井活动扩展到越来越深的水域。在北极以外的地区，这一过程会导致人们在很深的水域（比如巴西的一些海域）钻井，而墨西哥湾的深水地平线漏油事故就发生在 1800 米深处的海域。石油行业现已将目光投向了很浅的、界限明确的大陆架范围以外的北极深水海域。但这会涉及产业和政治的磨合。北冰洋的海洋法尚未通过。原则上，海岸线 200 公里以外的地区属于联合国海底管理局（UN Seabed Authority）管辖的国际海域。如果大陆架延伸得更远（就像北极大陆架那样），则距离最近的沿海国家可将其管辖权扩展至陆架折坡（shelf break）处，但不能比这更远。任何进一步的权利主张都将受到严格的审查。

麻烦在于，北极的一处地方让它可能陷入无限的法律争端，该地名为罗蒙诺索夫海岭（Lomonosov Ridge，插图 7.3）。这个海岭从格陵兰-埃尔斯米尔岛边界北部开始，一路穿过北冰洋，经北极点附近延伸至西伯利亚大陆架附近。它从西伯利亚大陆架延伸出来，所以俄罗斯会主张对其的权利。它同时也从加拿大-格陵兰岛边界处延伸出来，因此加拿大和丹麦也都对其主张权利。但其他多数国家都声称它应该国际化。该海岭本身实际上是 8000 万年前脱离西伯利亚大陆岩体的一个碎片，当时北冰洋中脊开裂并逐渐形成一个新的大洋地壳，进而推动这一海岭远离西伯利亚。现在它已经抵达北冰洋中部。事实上它与西伯利亚大陆或者加拿大、格陵兰岛并不相连，因此，所

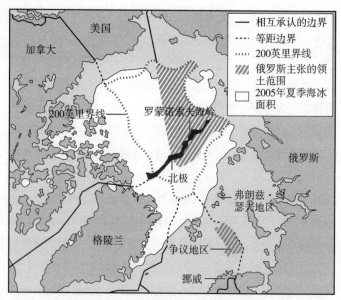

图 7.3：罗蒙诺索夫海岭，图中所示为俄罗斯主张的海底区域。

有这三个权利主张理应失效，因为该海岭的末端属于别的岩体而并非这些国家声称的大陆架。该海岭也并非一个大陆架；它曾是大陆架的一部分，但却是与它今天所在区域看上去完全不同的大陆架部分。实际上它应该归联合国管辖，但俄罗斯、加拿大和丹麦却试图提出国家层面的权利主张，为了支持这一主张，俄罗斯曾幼稚地于 2007 年派潜艇向北极点 4200 米深处的海域投掷金属旗帜。

　　海床的所有权一旦确定，石油勘探就能进一步在深水区域展开，而海冰的撤退又加速了这一进程。然而，接下来的钻井作业将由钻井船以动态定位的方式在数十米深的水域完成，夏季海冰会不断侵扰，破冰船则会将海冰打碎成小块以防它们将钻井船撞离平台。如果海冰更薄或者压根没有，钻井作业就更容易展开，钻井周期也能延长并占到全年的多数时候。如果已进入可生产阶段，人们就能用加强型生产平台为海冰加强型油轮输油，就像俄罗斯人在伯朝拉海（Pechora Sea）做的事情一样。气候科学家提出，尚未出产的石油和煤炭应该就地封存，因为我们的碳排放量已经超过了地球大气可接受的碳负荷了，而石油公司和贪图税收的政客会强烈抵制这种观点。除了意识形态上的原因，石油业意识到全面停止新的石油资源开采的决策会立即给所有石油公司造成资产损失，进而导致石油公司和脆弱的全球金融系统的崩溃。

石油泄漏及其应对措施

人们普遍认为，海底井喷造成的石油扩散是北极环境的一大威胁。这是我供职的美国国家科学研究委员会（National Research Council）其中一个小组的报告主题。[8]我们的结论是，如果海底发生井喷，则不存在任何可将泄漏的石油清理干净的办法。泄漏的石油会以气液两相流（oil-gas plume）的方式从海床上升并涌向海冰的底部，之后，这些聚集的油滴会形成光滑的油层。海冰会不断移动，因此，如果发生井喷，浸过油的海冰就会从它原来的地方漂走，而漂来的干净海冰就会受到污染。冬季，新冰会快速在油层下面生长，进而形成"石油三明治"，石油就这样被包裹在里面直到冬天结束。在此期间，海冰可能会漂移1000公里甚至更远，进而抵达一个与其漂来的地方完全不同的北极区域。随后，海冰表面在春天开始融化，而石油则通过盐水排放通道（见第二章）开始上升到海冰表层，这些通道在春季会部分融化并开启，进而提供了通向海冰顶部的通道。突然间，这些通道顶部四周都会出现小块石油斑点，它们通常很小，无法清除或点燃。夏季晚些时候，整块海冰都融化后，石油就会在海水中聚集并成为遍布北极夏季开放水域污染物。这对海洋生态系统和数以百万计的迁徙海鸟而言尤其危险。

1974—1976年间，我在从事名为波弗特海洋计划的加拿大政府研究项目时就掌握了上述情况。[9]批准石油公司在浮冰水域钻井之前，加拿大政府想了解三明治式油冰造成的威胁性质，因而允许在北极海域大量排放石油，包括持续整个冬天的固定冰下的井喷，来确定会造成什么后果。我记得当时在北冰洋上做的一个近海实验：我们在一处压力脊下面抽油，潜水员在一旁跟进实验进程。我的任务是用手持泵不停将原油喷往海冰下层，油滴有时也溅到我的大衣上，之后我只好将它扔掉，因为上面的恶臭无法祛除。自那时起，这方面的科学进展一直很慢，因为政治正确的法令规定不能在北极区域排放石油，即便为了实验目的也不行，因此，人们对环境的关注阻止了科学家们了解漏油事故对环境的影响。当起草美国2014年的石油泄漏报告时，我们惊讶地发现，加拿大1974—1976年的项目仍是最佳的数据来源。

我们在2014年作出的结论是，海冰下面大规模的原油喷发事实上比深水地平线漏油事故的影响更具灾难性，因为海冰确保了原油能以低浓度的方式在北冰洋广泛散布开去，这让清理工作变得更困难。我们的结论还包括，阻止井喷的普遍方法是钻减压井，但这会耗费很长时间，因此每个操作者都应该配备一个可用于覆盖井喷的封盖装置以便更快地堵住井喷。这种新观点的第一个牺牲者就是 2012 年的壳牌公司，它建造的封盖装置在第一次测试的时候就失败了。壳牌公司仍然坚持自己的计划，并于 2015 年在楚科奇海（Chukchi Sea）开展钻井作业，不料在当年第一季度就被迫放弃。美国国家科研委希望监管机构能接受我们的结论，以确定如何在北极进行钻井作业。设立这一委员会的动机是人们担心开发商们在海冰撤退的情况下急于开采新油田而忘记保护环境，进而导致北极原油泄漏。但这并未发生。石油公司都很谨慎。可能的原因则是，英国石油公司为深水地平线漏油事故必须付出的高昂代价（据估计，罚款、清理和安置费用约为 546 亿美元），这几乎让它破产。谁污染谁花钱治理。如果北极发生井喷事故，特别是如果发生在美国领海，污染者可能付出的代价则比在墨西哥湾发生的事故高很多。针对这种情况，石油公司也都对此望而却步，并逐渐对水力压裂法趋之若鹜。

行业和监管者对代价高昂的事故的担心导致了一些令人惊讶的决定。近期遭到反驳的加拿大政府总理史蒂芬·哈珀（Stephen Harper）并非因为关注环境问题而闻名，他曾大量开除联邦环境科学家，同时推动艾伯塔省油砂的开采，这是浪费最大的化石燃料之一，因为它需要额外的能量"加热"以提取有用的碳氢化合物。然而，在 2014 年 4 月 2 日，我们得知加拿大联邦交通运输部长丽莎·雷特（Lisa Raitt）曾直言不讳地反对经加拿大北部海域运送石油。加拿大在曼尼托巴省赫德森湾有个名为丘吉尔的北极港口，该港口通过铁路与加拿大南部相连。一家名为欧姆尼特拉克斯（Omnitrax）的公司曾计划通过铁路将石油运往丘吉尔港，然后用轮船经西北航道出口至欧洲。部长说：

> 我可以告诉你：北极哪怕发生一次漏油事故也是你不想看到的事情……此事不仅关乎经济。我不能相信自己作为保守党会说这样的话。但这事真的并不总是经济上的事。你必须从安全和环境等方面平衡考虑即将发生的事情。

马尼托巴省政府一直寻求在赫德森湾的海岸成立保护区，部分原因是这些地方现在是北极熊的避难所，而它们正是因为全球变暖而被迫离开自己习惯了的栖息地，然后在丘吉尔港区域的垃圾桶附近找食吃。部分原因还在于人们想保护那些栖息在海岸附近水域的稀有白鲸。联邦政府支持上述立场实属罕见，但令人振奋。

北极海冰的消退意味着长年的井喷的确会造成悲剧。按照20世纪70年代人们对井喷事故的设想，被海冰夹带并绕北极环流的原油最后会在夏季从冰缘线附近的浮冰中释放出来，进而在夏季海冰的边缘附近留下漂浮的原油。未来，北极夏天的冰缘线将不复存在，因为夏季的海冰都将消失。而含油的海冰则会彻底融化，随后在北冰洋所有开阔的水域扩散开去。这对环境的破坏及其清理代价将是巨大的。

我应该以一个密切相关的问题作结，海冰的撤退会导致北极海洋生态的变化。如果春季水域的光照水平比以前高，则浮游生物的生长就会越来越早，其产量也越来越多，一些新的渔场可能会随着北极海洋生态环境的这些变化而逐渐出现。人们难以预计北极海洋生态究竟会发生哪些变化，但可以肯定的是，海冰的撤退会让捕鱼船在地理上和季节上扩大活动范围，从而尽可能地利用海洋生物资源。

海冰可能在本世纪进一步撤退

建模者很难在海冰撤退的世纪大趋势下预测无冰水域出现的季节是如何发生改变的。主要的原因是多数模型在重现北极夏季海冰时令人失望。关于北极在哪一年的9月会变得无冰的争论已经掩盖了其他更重要的问题，即北极海冰全年消失的情况将以多快的速度，什么方式出现等。死亡螺旋已经告诉我们，北极9月的冰盖会在数年之内消失，无冰的季节将扩大至五个月，基本上就是7月到11月。但无冰期会止步于此吗？南极仅有季节性冰盖，并且南冰洋多数区域会连续四到五个月处于无冰状态，其他几个月则被单年冰所覆盖。但这种情况会保持稳定吗？更温暖的气候肯定会导致无冰季节的扩大，因为气温升高必将伴随更多太阳辐射，但即便在无冰的夏季过去之后（其间无冰的海水会升温），接下来的某个时间，或许在12月，当黑夜变长，气温降低，海面储存的热量释放出来，这些因素加在一起，会促使海冰重新形成，并一直持续到下一个春天或初夏。

我们很难想象北冰洋全年无冰的情形，尽管死亡螺旋已经预示了这最后的光景——冰量曲线都向内旋转。相比海冰季节性覆盖的时候，无冰的北极即便在仲冬时节也会形成完全不同的水循环和热循环。这种情形可能会在一个世纪之内出现，但到那时，我们的星球也会发生更为剧烈的变化，进而不再适合人类居住。下一章，我将考察北极海冰消退所导致（或与之相关）的变化。我们必须认识到，多数灾害已经发生；西伯利亚大陆架夏季的海冰已经不复存在，而这造成了甲烷大量释放的威胁，正如我将在第九章描述的那样。

第八章

CHAPTER VIII

北极反馈的
加速效应

气候反馈的概念

上一章，我们考察了北极海冰撤退如何对北冰洋的未来造成了直接的影响，同时这也改变了我们看待海冰撤退的方式。乍一看，北极海冰撤退是北极区域经济上的福音。我们至少可以在夏季将北冰洋视为可能的贸易路线，而非屏障。我们还能将其看作更容易探索石油和天然气，以及更容易捕获海洋生物的地方。所有这些变化从表面看都很积极，但这一切都仅仅建立在海冰撤退的直接影响上，即它允许人类一年中在北冰洋的活动时间更长。我们并未考虑海冰撤退将如何改变全球气候系统的其他方面。本章将展示，北极海冰撤退造成的间接影响对整个地球都造成了十分严重的负面影响，甚至我们可将其视为地球的绝对灾难。

造成正反两种影响差异的原因是，温室气体升温直接引发的正面反馈，即北极海冰撤退的事实，其本身的影响会强化全球气候变化对地球的影响，并导致与最初的变化不成比例的灾难性后果。这些反馈和联系存在于整个气候系统之中。正如神秘主义诗人弗朗西斯·汤普森（Francis Thompson）所说：

> 拈花惹星动。

我们在第六章中已经提到一个可能十分重要的反馈机制，即海浪 - 海冰反馈，海冰撤退导致波弗特海域会在夏季形成更多的海浪，它们与海冰相互作用，导致更多海冰分解并融化，从而减少了秋季海冰的形成。而我们将在本章考察的其他重要反馈包括：

——冰面反射率反馈

——雪线撤退反馈

——水蒸气反馈

——冰盖消融反馈

——北极河流反馈

——炭黑反馈

——海洋酸化反馈

而最危险的潜在反馈——近海多年冻土融化后的甲烷释放——将独立成章（第九章）。此外，另一个更深的影响最近也越发明显，即北极海冰撤退甚至可能已导致急流（jet stream）位置的改变，进而让北半球农业区域在一年中的关键时期形成新的极端气候模式，全球粮食供应因此受到威胁（见第十章）。

海冰反射率的反馈

我们在第二章指出，开阔水域的反射率（即入射太阳辐射被直接反射回太空的比例）仅为 0.1，而海冰反射率则从 0.5 到 0.9 不等。落在平滑海冰上的新雪的反射率为 0.9，如果你在 3 月或 4 月太阳较高白昼较长的时候到达这样的地方，雪面耀眼的反射足以引起雪盲。这是诸多早期探险者（比如斯科特船长及其队员）曾遭受过的痛苦。

一旦海冰上存在任何起伏或其他不平的表面，或者当积雪逐渐风化或被风吹成名为雪脊（sastrugi）的波状圆丘，其反射率就会降至 0.8。春天来临，雪面反射率会下降更多：每当气温升高到 0℃以上，表层积雪开始融化，雪面颜色就会逐渐暗淡，反射率也随之降低。当积雪大量融化时，冬季沉积的炭黑就会形成污泥，进而被后续的降雪掩盖。最后，冰面表层会千疮百孔伴以一些融化的雪水坑。这些雪水坑的表面较暗且容易吸收太阳辐射，因此，它们会融化至冰体深处——通常会融化到海冰表面呈蜂窝蛋糕的样子，此时的海冰会变得十分脆弱（彩色插图 18）。这一阶段的海冰表面平均反射率为 0.5 甚至更低，但海冰最后消失时反射率降至 0.1 才是最大的变化。

人们在夏季测量反射率以及为其建模一直会遇到一个问题。我们十分准确地知道新鲜积雪的反射率（0.9），但这并不能在很大程度上影响北极的热平衡，因为北极冬季几乎没有太阳辐射。夏季太阳辐射最高时，我们又必须估计融化的污浊冰雪以及融雪坑组成的表面的平均反射率，而这种混合表面会在温度上升或下降的几小时内迅速改变其性质。1971 年首次成功为北极进行热力学建模的加里·马伊库特（Gary Maykut）和诺伯特·恩特斯坦纳（Norbert Untersteiner）也曾面临这一难题，[1]他们选取了夏季海冰反射率任意值，但近些年，像美军寒区研究和工程实验室的唐·佩诺维奇（Don Perovich）等人则十分看重细致的实地观测，这会显示反射率变化的范围。[2]

因此，气候变化导致的反射率变化有两层含义。气候温暖时，冰面会在夏季早些时候就开始融化，而反射率从雪面覆盖的 0.8 或 0.9 到污泥融雪混合表面反射率为 0.5 左右的下降过程也随之更早发生，这让海冰在仲夏季节吸收的太阳辐射也更多。但比这更重要的变化是，夏季融雪（无论多脏）覆盖的海冰会消退为空旷的水域。这一过程又让反射率从 0.5 降至 0.1，因此，夏季海冰反射率下降的具体情况并没有更好地获得总体冰面的反射率重要，后者可让我们了解之前多少海冰区域后来被开阔水域取代。我们可从 2007 年缺口状的开放海域中（彩色插图 13）看出总体反射率丢失了多少——反射率的丢失量就是太阳辐射的增量，也即地球热量的上升幅度。

这种反射率的丢失对地球变暖有多严重的影响？克里斯蒂娜·皮斯托内（Kristina Pistone）及其斯克里普斯海洋研究所的同事们的一项研究估计，[3]1970 年到 2012 年间，北极夏季海冰面积的损失导致的全球平均反射率的下降，相当于这一时期人为排放入大气二氧化碳总量的 1/4 给地球造成的升温效果。这一过程因为效果即时而被称为"快速反馈"。地球反射短波辐射量的减少导致全球范围辐射强迫的增加，进而提升了全球气温。这项研究使用的可直接测量反射率的刻瑞斯（CERES）卫星避免了实地测量北极反射率所面临的问题。他们发现，北极年均反射率在1979年到2011年间从0.52降到了0.48。这一降幅看上去不多，但它相当于北极在这一时期额外吸收了6.4瓦特每平方米的额外辐射，或者整个地球额外吸收了0.21瓦特每平方米的辐射量。

雪线撤退反馈

北极开阔海域的温暖空气也会导致雪线撤退。春季北极海岸线附近积雪因为海冰撤退而融化得更快，很可能是因为无冰海域的暖空气大量飘向海岸区域所致，这一过程会增强冰面反射率反馈。如果我们考察一下6月太阳辐射达到最大值的情况，那么相比于1980年，2012年6月的异常负区（negative area）面积增加了600万平方公里（插图8.1）。这表明，与20世纪晚期相比，北极仲夏雪域面积减少了600万平方公里。同一时期，积雪面积的异常负区与海冰异常负区的数量等级相同，而雪域覆盖的陆地和无雪冻土之间的反射率变化幅度则大致等同于海冰和开放水域之间的反射率变化幅度。尚未有人像皮斯托内及其同事研究冰面反射率反馈那样研究冻土并发布相关计算结果，但前述量级的类似性则意味着雪线和海冰撤退各自分别为全球变暖做出了相同的贡献。因此，由于二氧化碳排放量的增加，冰/雪整体的反射率反馈直接为全球变暖效应增加了50%（而不仅仅是25%）的热量，这显示出北极何以成为全球气候变化的驱动因，而不仅仅是被动响应者。

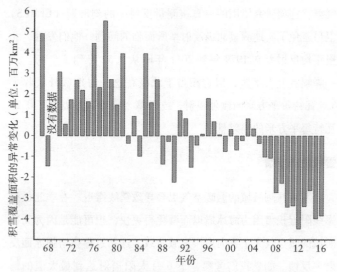

图 8.1：北半球 6 月积雪覆盖面积的变化，1967 年—2016 年数据。

这一点至关重要，但人们大多对此茫然无知；（大气中二氧化碳含量增加而导致的）北极冰雪撤退造成的整体反馈效应增幅将全球变暖提升了 50% 后，我们便不应该简单地说大气中二氧化碳含量的增加正让地球变暖。相反，我们不得不承认，已经排入大气中的二氧化碳已将地球加热到冰/雪反馈机制自身就把变暖效应提升了 50% 的地步。我们距离这些反馈机制本身推动气候改变的时刻已为时不远——也就是，我们不用再往大气中排入更多的二氧化碳，气候变暖的进程也仍然会持续。气候变暖的这一阶段被称为"失控的气候变暖"（runaway warming），可能正是它导致了金星变成了燥热、死寂的世界。吉米·亨德里克斯（Jimi Hendrix）演奏吉他时，他能仅用反馈演奏乐章——他的手指不拨琴弦，仅操作电子反馈发声。气候变化搭台唱戏的时刻正飞速来临，而我们只能无助地愣在一旁，任凭降低二氧化碳排放也无济于事。

水蒸气反馈

水蒸气反馈完全取决于空气温度的变化。大气温度每增加1摄氏度，其中的水蒸气含量就增加了约7%，这反过来又增加了1.5瓦特每平方米的辐射强迫，因为水蒸气也是温室气体。而现在，北极由于其放大效应迅速变暖，而全球气温也在过去十年里缓慢上升，这很可能是因为深海吸收热量的增加所致。因此，北极提供了主要的局部水蒸气反馈，这严重抑制了出射的长波辐射，并将热量锁在紧邻地面（冰面和海面）的区域。如果北极的局部气温上升3℃（这正是近些年的情况），则该地水蒸气浓度会增加20%，这将导致北极盆地上空的辐射强迫增加约4.5瓦每平方米。这个反馈机制主要发生在北极地区，但它因自身的重要性而必须包含在全球变暖的总效应中。

冰盖消融反馈和海平面的上升

如果反射率反馈是我们继续在地球上生存的最大威胁，那么随冰盖消退引发的海平面上升也会让我们在未来几十年里越发坐立不安。

直到20世纪80年代，海平面变化研究者的传统见识仍是，两个同等量级的因素导致了全球海平面上升。第一个因素是海洋变暖。由于大气散发热量的增加和温室气体拦截外射辐射所导致的辐射强迫，海水会变暖、膨胀，海平面因此上升。一开始仅有表面海水升温，但现在已扩展至更深的海水层了。这一过程被称为空间海平面上升（steric sea level rise），其中海水量并未增加。第二个因素则是陆地水源进入海洋导致的海面上升，而极地附近的冰川则是主要的陆地水源——阿尔卑斯山、喜马拉雅山、阿拉斯加、智利和挪威的冰川，甚至一些低纬度地区的高海拔冰川，比如乞力马扎罗山等。我们非常了解这些冰川以多么快的速度消失，因为冰川学家在过去几十年间已努力绘制了这些地区冰川的变化图，他们一开始用的是传统方法，比如往冰川里打桩并查看冰面以多快的速度消退，而近期，他们使用了卫星探测的方式测量冰面的海拔。结果，全球几乎所有冰川在20世纪80年代时便已处于消退之中了——我们已看到了阿尔卑斯冰川几近消失的戏剧性图景。我曾于1970年和2008年两次造访洛基山的哥伦比亚冰原（Columbia Ice-field）。1970年时，该冰原朝跨加拿大高速公路沿线突出，但到2008年，我们需要乘大巴走很远的路才能抵达。现在，全球的冰川系统都处于消退状态。插图8.2显示了相关证据。少数在20世纪80年代还在扩张的冰川本身就是全球变暖的产物——挪威沿海的冰川因为更暖的气候和上空更加潮湿的海风而得以扩张。但现在，这些冰川也处于消退之中。

冰川消退外加大坝和水力发电等因素的部分影响共同构成了海平面变化的原因，淡水在这一过程中不断进入海洋。但现在，超过世界极地冰盖（格陵兰岛和南极洲）容量的径流也

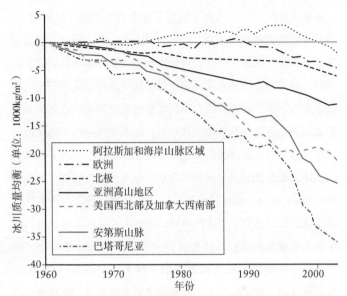

图 8.2：全球不同区域的冰川质量均衡（mass balance）变化图。

加入到海面上升的进程之中。海面上升的威胁真实存在。格陵
兰海拔 2 – 3 千米深的冰盖位于高海拔地区，除了少数边缘部
分以外，其余部分终年不化。然而，20 世纪 80 年代中期以来，
这个冰盖顶部区域每年夏天都会在短期内出现融水。随着融化
区域的扩大，该冰盖每年融化的时间也在不断延长。格陵兰冰
盖迄今为止最大规模的融化事件发生在 2012 年，当年 7 月 1
日 – 11 日期间，这一冰盖表面 97% 的区域均已发生融化（彩
色插图 19）。即便这样，建模者也并不担心。他们计算得出大
部分融水会在夏季结束的时候重新冻结，如此，格陵兰冰盖的
冰体损失将会很小，而整个冰盖融化并汇入海洋的时间跨度将

持续数千年时间——这会导致海平面上升 7.2 米。但紧接着，他们未曾料到的现象发生了——冰川蜗穴（moulins）。它们是冰盖表面的巨大排水孔，径直向下穿过冰盖直达 3 公里之下的基岩。冰盖表面的融水像巨浪一样从这些冰川蜗穴中排出。而融水在向下排出的过程中会不同程度地累积热量，进而将整个冰盖加热至熔点。到达冰盖底部时，融水会经由冰下通道流向海洋，这又会润滑冰盖底部进而导致冰盖（特别是位于排水口的冰体）更快地流动。美国国家航空航天局的埃里克·里格诺特（Eric Rignot）通过他们的卫星图像发现，格陵兰许多冰体的流动速度都达到了过去的两倍。[4] 这意味着以冰山形式进入海洋的淡水量级翻番。冰体的流失可从冰盖的缩小中看出。现在，我们可用美国航空航天局的一对名为格雷斯（GRACE，重力恢复和气候实验）的卫星精确测量冰盖总量，这种测量会精确显示下层冰体如何在重力的轻微改变下发生变化。研究人员发现，格陵兰冰盖每年损失的冰体相当于 300 立方千米的淡水体积（这一速度还在加快），这已经相当于其他所有冰川损失的总和。

海平面上升还涉及其他一些次要因素。一则化石含水层进入到水文循环过程之中。地下水被人们抽出，而这些水体在过去数千年的时间里都难以进入到大气循环之中，而今它们正在被人们使用并流入河流，之后蒸发进入大气并最终进入海洋。这导致了海平面的上升，而其他比如筑坝拦水的人为因素则产生了单纯的逆效应，因为全世界大坝中的水量都在不断增加。

另外一个较小的反馈则与冰帽的高度变化有关。格陵兰冰盖总体海拔正在缓慢下降，其高度越低，冰帽处的表面温度越高（因为海拔越高温度越低），于是，夏季冰盖的融化量就越大。这又会导致冰盖海拔加速下降，进而冰体温度又变得更高，如此往复形成一个反馈循环。目前这种反馈效应可能还不明显，但在冰盖消退的后期阶段可能会变得更加显著，从而加速致其最终消失。

直到最近，南极冰盖仍被假定为大致中性质量均衡的状态，因为它的任何融化都会被降雪抵消，南极海岸线附近山脉上的冰盖尤其如此。但现在，格雷斯卫星也被用于南极观测，人们发现，南极冰盖也明显处于消退之中，尽管速度比不上格陵兰冰川。[5]人们最新的估计是，南极冰盖正以每年 84 立方千米的速度消失，而格陵兰岛每年消失的冰体至少为 300 立方千米。值得警惕的是，南极可供融化的冰量大到可让海平面上升60 米。此外，冰川学家还计算得出南极半岛西部区域的冰盖比之前预想的更不稳定，大量冰体可能会从冰川底部融化。这些冰体融水本身就足以造成海平面上升数米。

在这些令人忧心的威胁面前，气候变化专门委员会向来自信满满。事实上，该组织发布 2007 年的第四份评估报告时尤其如此。因为气候变化专门委员会难以评估海平面的上升幅度，该报告的作者们仅提到海平面会上升，并预计海平面到本世纪末的 2100 年仅会上升 30 厘米。他们指出，这是不包括冰川融化的部分数据，但多数外行和政策制定者并未阅读这种附属细则，并且，一些严重低估海平面上升幅度的评估报告也被某些国家负责防洪的政府机构，比如上海市政府所采信。气候变化专门委员会在 2013 年的第五份评估报告中改正了这种错误，但仍然只是给出了海平面会在世纪末小幅上升的预测（比如代表浓度路径 8.5 情景下的 52–98 厘米，即一切照旧的情况），但多数冰川学家认为海平面上升幅度将超过 1 米，甚至可达 2 米。气候变化专门委员会的数据基于线性预测模式，他们假设海平面在本世纪都会保持大致不变的上升速度。但我们知道，各种反馈环会导致海面上升的非线性变化。比如，随着海冰消失进程的持续，夏季海冰量会呈指数曲线的加速下降趋势，而非线性下降趋势。二者有很大区别。而决定了海面上升的冰盖响应反馈也是指数过程，或至少呈加速进程趋势，如果我们任由海平面加速上升，则 2100 年的总上升幅度将远超线性估计。美国国家航空航天局戈达德空间科学研究所前主任詹姆斯·汉森（James Hansen）预计海平面上升速度翻番的时间跨度约为十年，因此，气候变化专门委员会自信满满的总体估测可能会在十分短暂的时期内面临严峻的尴尬局面。

　　我因为一个迄今尚未得到解答的问题于 2004 年时加入到这场关于海平面上升的论辩之中。这个问题由我心中的科学英雄（而非我自己），斯克里普斯海洋学研究所的沃尔特·芒克提出。当时的情况是，海洋学家希德·莱维图斯（Sid Levitus）在格里斯卫星让冰盖计算变得容易之前，提出了一种计算海面升高的巧妙办法。他采用了世界海洋水文普查数据，即世界迄今为止上百万次海洋测量的总体数据，并将其分组在网格化的全球地图之中，进而对所有大洋不同深度的平均盐度在过去 50 年中的变化趋势进行研究。他认为，大洋中的任何盐度变化都必然源自冰川径流，这会稀释海洋并降低平均盐度。其对海平面上升幅度的计算与现有的别的方法得出的数据吻合，所以，一切看起来都没问题。然而，沃尔特以其独有的科学洞见及令人置信的简洁陈述，让我想起自己从 1976 年起便一直从事的海冰消退测量，即海冰的融化尽管会造成海洋的稀释，却不会造成海平面的上升（这就是阿基米德原理——海冰本已漂浮在海上，就像杜松子酒或药酒中的冰块一样）。我当时测得的海冰融化总量约为每年 300 平方千米，这与冰川每年消失的总量一致。然而，莱维图斯的方法测得的海洋稀释程度却与不考虑海冰融化影响的观察数据相吻合。为何会这样？一定是哪里出了问题。海洋盐度的变化等同于冰川消融对其造成的影响，因此，除了海冰融化，便无额外的淡水注入海洋。沃尔特和我一起就这种不正常的现象撰写的论文发表在一份著名刊物上。[6]我们期待收到世界海洋研究共同体的回应或建议——毕竟，芒克乃世界海洋学领域的执牛耳者，这种情况也是亟待解决的异常现象。然而，我们的论文并未收到哪怕一个回应或评论。我甚至在巴黎举办的海平面研究会议上作了相关报告，但并未收到任何评论或质疑。沃尔特温和地说，"这些海平面研究者生活在自己的小圈子里。"我们如今仍在等待人们对这篇十年前文章的回应，但不管怎样，莱维图斯的测量方法已被格里斯卫星的观测取代。我唯一收到的相关建议则来自一位物理海洋学家（physical oceanographer），即海冰的融水在参与到波弗特环流之前可能会长期停留在北极，因此，莱维图斯的平均测量技术中并未显示出这一点，因为这种技术用在北极高纬度海洋数据中时表现很糟糕。

一定量的海冰消退所致的海平面部分上升仍是一个悬而未决的问题。然而，我们能清楚地看到，随着海冰的消退，夏季格陵兰冰盖上空的空气的确会变得更加温暖。过去，夏季海冰一直是大气和海洋的空气调节系统。它会让海水温度在夏季保持在0℃的低温——并且，正如我们在下一章看到的那样，这个调节器的消失正在造成灾难性后果。海冰也会让夏季海面气温降至0℃左右。缺乏夏季海冰的适当影响，北冰洋上空的气温会明显高于0℃，这最终会导致北极冰盖的融化。

北极河流反馈

另外一个反馈便是北部流入北冰洋的径流温度变得更高了。随着陆地雪线的撤退，初夏地表反射率会大幅下降。这会导致北部冻土区域获得的热量急剧上升，而以前流过更暖陆地区域的积雪融水径流现在则直接流入海洋大陆架的无冰区域，这会进一步让海水升温并加速海冰消退。这一过程又会反过来让反射率加速下降，从而加剧沿海区域的变暖程度，这会进一步驱使雪线后撤，并加速冻土区域气温变化，最终增加融水径流所携带的热量，如此往复。这种效应可能比我们此处讨论的其他反馈效果都弱，但它却是经过一系列步骤不断自我发展的正面反馈的经典案例。

炭黑反馈

人们近期又明确了一个新的反馈机制，并发现它比以前预想的更为重要——即森林和农业用火，柴油的使用以及工业活动对冰雪反射率及其融化过程造成的炭黑沉积影响。[7]炭黑也称烟灰（soot）。冰川学家以前常常在冰川上看到来自周围山脉的污垢，并发现它们能惊人地创造出一个可自我维持的小型生态系统。初夏聚集在冰川上的一小块污垢会优先吸收太阳辐射，从而比周围的冰体温度更高，当其融化下沉的时候会留下小孔。融水溶解污垢中的盐分从而提供养分，进而细菌便能在小孔深处生存并创造出一片植被。这一过程的产物被称为冰尘（cryoconite），我将其作为示例以说明地球上生生不息的生命何以在最残酷的地方立足。冰尘会让冰川呈现出黑色、绿色甚至粉红色的外貌。

除了冰尘，污垢也会在融化的季节出现在海冰上，积雪融化后，冬季沉积的所有污垢都会出现。但这一过程直到最近仍受到忽视，否则，它也会被加入到夏季海冰反射率的计算中。在一定程度上，我们仍可通过调低估值的方式做到这一点。如果我们试图单独考察炭黑，其导致的全球性效应似乎相当小。气候变化专门委员会估计，炭黑造成的辐射强迫可能在0.04瓦特每平方米，并且观察研究显示，北极大气中的炭黑浓度似乎自1990年起便呈下降趋势，这可能是因为大气的头号污染者（比如中国）已经开始清理其污染物了。

海洋酸化反馈

我们知道，海洋的酸性正在增加，这是过量二氧化碳融进海水形成碳酸的结果。其化学反应式为：

$$CO_2 + H_2O \Longrightarrow H_2CO_3$$

$$H_2CO_3 \Longrightarrow H^+ + HCO_3^-$$

$$HCO_3^- \Longrightarrow H^+ + CO_3^{2-}$$

并且，各种离子之间存在着十分复杂的平衡关系。H^+代表酸性氢离子。二氧化碳在大气中含量增加的同时，也会部分溶解在海水中，这能有效缓解全球变暖的速度。然而，溶解的二氧化碳会参与上述化学反应，进而让海水的酸度增加，这最终会造成海洋生物壳体（成分为碳酸钙）溶解的严重后果，特别是遍布海洋的有孔虫这种小型单细胞生物的外壳（插图8.3）。死去的有孔虫的外壳会在海洋中形成壳雨降落并沉积在海底，进而形成被称为软泥（ooze）的典型沉积物。实际上，这是我们燃烧化石燃料排入大气中的碳能永久脱离地球系统的少数方式之一。因此，如果我驾驶SUV去商店，排出的二氧化碳（约为41%）会部分溶解进海洋中，其中又有部分会被有孔虫吸收并形成碳酸钙的壳体。有孔虫死后，其壳体会沉入海底，

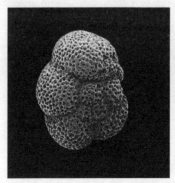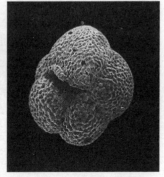

图8.3：北冰洋中的两种有孔虫类。其壳体很小，仅为0.06~1毫米宽。

如此，我排放的部分二氧化碳便人畜无害地脱离了地球系统。问题在于，海洋酸度达到一定程度时，壳体又会在沉入海底的漫长的 4000 米路程中不断溶解，因为我们从学校学过的化学知识便可得知，粉笔放入酸液中时会发生什么。壳体中的碳会重新释放进海洋并继续在地球系统中循环。更糟糕的是，一些大型壳体类海洋生物（比如翼足类动物）也会失去壳体并成为无定形的小不点，进而容易被捕食。这已经在酸化水的实验室研究中得到了证实。如果这种情况发生，我们可能会希望海洋中溶解的二氧化碳比例降低，而事实上，最近的评估认为这一比例在过去 30 年中从 41% 降到了 40%。这种小幅下降也足以让我们担忧，尤其大气中的二氧化碳浓度还在不断上升之中。

这种局面与海冰有何关系？海冰的撤退让海洋面临酸化的风险，因为二氧化碳含量更高的大气与之前并未吸收二氧化碳的海水之间产生了接触，因此，海冰的撤退实际上强化了二氧化碳的沉降。对大气中二氧化碳而言，这就是一个负面反馈，代价就是增加了北极海水的酸度。这是罕见的负面反馈的案例，如果我们考虑到正在进一步酸化的海水以及随之而来碳沉降的减少，这种反馈长期看来可能为正面反馈。

哪些反馈最为严重？

如果我们考虑本章所列的七种反馈，最严重的可能是与海冰和雪线撤退（北极沿海区域雪线撤退的部分原因就在于海冰撤退和温暖海风的作用）相关的反射率反馈。如果我们将这两个反射率变化加总，再把炭黑加入到反射率的计算中，得出的结果则为皮斯托内等人描述的两倍，即我们排入大气中的二氧化碳造成的辐射强迫因为反射率反馈而增加了50%。这真的就是"提供两个气候变化分子——免费再得一个"的例子。

格陵兰冰盖的加速融化也与海冰撤退直接相关，这让全球海平面加速上升并在本世纪内升幅超过1米。许多人都认为海面上升1米不足为虑，我们只需要将防洪堤坝增加1米即可。我们英国能做到这一点，荷兰等其他富裕国家也能做到（付出有限代价之后），但孟加拉国却做不到，该国2000万国民大多为贫苦农民，且生活在海拔低于2米的地方。并且，特定地区海面高度的钟形曲线或高斯分布（插图8.4）会让我们得出灾难性的统计结果。假设插图8.4的钟形曲线代表了特定地区的海面高度分布，其中考虑了潮汐、海风等变量。右侧曲线的小块区域表示造成灾难性后果所需达到的高度——海水因风暴潮经堤坝涌入，就像1953年1月袭击英国和荷兰的风暴潮一样（这次风暴潮淹没了我祖父母在蒂尔伯里的房屋）。曲线下面的区域代表受到袭击的概率很低。但当我们将海浪峰值分布向右移动1米，进而得出海平面上升1米的效果。如果我们不提升防洪堤坝的高度，曲线下方代表受灾区域的面积就会大大增加。换句话说，海平面小幅上升导致洪灾的可能性会大幅上升。

这些反馈告诉我们北极海冰的撤退达到我们现在看到的水平时，它就不再仅是气候变化的响应者，而成为其驱动力了。

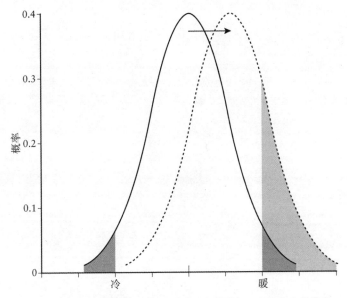

图 8.4：高斯分布曲线的特征。如果均值少量增加，灾难发生的概率（浅灰色区域）就会大幅度增加。

但是，在海冰撤退产生的所有威胁和危险中，近海甲烷的脉冲式喷发（methane pulse）的影响可能最为严重。我们将在下一章讨论这个问题。

第九章

CHAPTER IX

北极甲烷，
正在发生的
灾难

近海多年冻土和温暖的海水

我即将描述的潜在灾难性反馈后果源自两种现象：海冰的撤退以及北极近海浅层水域中持续存在的永久冻土。

我已经描述了夏季海冰快速撤退，北极大陆架附近大面积海冰随之消失，西伯利亚北部海域尤其如此，那里的水深仅为50～100米。这些刚刚形成的开阔海域中的水体又会发生什么变化？

北冰洋深处的水体结构可分为3层。上层为深约150米的北极表层海水，水温接近或处于冰点。其下的一层海水称为大西洋水层，一直延伸至900米深处且带来了北大西洋温暖海水的热量，这些水体在冰缘线处下沉并从海水中间深度的区域进入北极。这之下则为较冷的底层海水，它一直延伸至海底。因此，如果大陆架仅为50～100米深，则该处仅有北极表层海水存在——更加温暖且更深的大西洋海水则停留在陆架折坡之外。在2005年之前的"旧时代"，北极表层海水甚至在夏季都会被海冰覆盖，这就为海水提供了某种空气调节系统，进而入射的太阳辐射无法加热水体，因为它首先需要融化海冰。类似地，海冰的存在让局部气温保持在0℃左右。自2005年起，随着夏季海冰的彻底消失，太阳辐射便能深入到大陆架所在的海域中并将其加热了。于是，北极表层海水现在就能够在无冰的夏季逐渐升温，而不会因为海冰而保持在0℃左右。而2011年夏季，美国国家航空航天局卫星在楚科奇海域测得的表层海水温度为7℃（这与北海冬季温度差不多）。在我最近（2014年8月）参与的航海过程中，美国海岸警卫队的破冰船"希利号"记录到的楚科奇海域表层海水温度则让人十分震惊；在北上前往白令海峡沿途的诺姆（Nome）地区的途中，我们测得的气温高达19℃，海水表层温度则为17℃。

现在，广阔无冰的海域可能会因为海风的作用而形成巨浪，这会导致更暖的海水涌向海底，因此，北极海域数万年以来首次出现了高于冰点的海水涌向海底的情况。

而在海底，更加温暖的海水遇到了本章故事的第二个元素：冻结的沉积物。它们是上个冰期的遗迹，同时也意味着永久冻土向海洋的延伸。其中含有以水合物或包合物形式存在的甲烷。这种十分坚硬的物质看似冰块却能燃烧。它是甲烷气体和水组成的混合物，其开放的晶体结构仅在高压或低温条件下才处于稳定状态。这种物质通常存在于各种深海沉积物中，因为那里的上覆水压很稳定。储藏在整个海底水合沉积物中的甲烷量估计是大气中碳含量的13倍以上，约为10.4万亿吨。而北极大陆架上的海水较浅，甲烷水合物应该不是很稳定，但坚硬的冰冻沉积物提供了足以锁住它们的表面压力。海冰减少导致夏季海水湿度更高，可能会让这些沉积物解冻，如此，这些水合物之上便再无坚硬的外壳保护。这些冰冻的沉积物最初在冰期的陆地上形成，当时的海平面更低，7000～15000年以前这些沉积物就被淹没了，东西伯利亚海的浅滩就在所谓的"全新世海侵"（Holocene transgression）导致的冰盖融化、海面上升的过程中形成。因此，数万年来一直储藏在冰冻沉积物中的甲烷水合物现正随着沉积物的解冻而分解，这一过程会产生纯净的甲烷并以巨大气泡羽流（bubble plumes）的形式涌向海水表层。甲烷在水中会被氧化，因此，如果气泡羽流产生在深海，则这些气泡羽流在到达海水表层之前就会消失，就像我们在斯瓦尔巴德海岸附近400米深的海域中看到的情形一样。[1]但深度仅为50～100米的海底产生的甲烷则没有足够的时间溶解，从而能几乎没有任何损失地冒出海面并进入大气之中。我们必须记住——可惜的是，许多科学家已将其忘记——北极大陆架仅仅从2005年夏季以来才出现大量开阔水域，因此，我们正处于全新的海底沉积物不断融化的过程之中。

甲烷会像巨大的气泡云一样从海水中升起（彩色插图21），这一过程称为沸腾（ebullition）。这些来自海底各处的气泡可看作一系列单独的羽流，比如来自海底汽－油喷发的羽流（见第七章）。东西伯利亚北极大陆架特别浅——其210万平方公里总面积75%的区域都不到40米深——因此，这一区域的多数甲烷气体都不会在海冰中氧化从而直接进入大气。而人们也发现，该处海面上空大气中的甲烷浓度高出正常大气的4倍。人们普遍认为，北极大陆架不会在冬季海冰覆盖期间释放甲烷。然而，新的观察数据表明，该区域全年都会发生甲烷以沸腾或别的方式释放的现象。人们在欧洲区域的北极冰间湖中发现的甲烷羽流浓度高出海洋平均水平 20～200 倍，这明显表明甲烷会在冬季释放。人们也观察到甲烷直接在冬季海冰之下富集。所有这些都意味着，一旦海底冰冻沉积物在夏季融化，甲烷则会全年无休地从海底溢出。

东西伯利亚大陆架夏季冒出的大量气泡羽流最早是由娜塔莉亚·沙霍娃（Natalia Shakhova）和伊戈尔·谢米列托夫（Igor Semiletov）领导的年度美－俄考察队发现和观测到的，[2]他们带回了一些激动人心的水下照片（彩色插图 20）。并且，他们估计这些沉积物中约包含 4000 亿吨甲烷气体，按照目前全球变暖的节奏，其中 500 亿吨会在未来数年中从最上层几十米的沉积物中释放出来。像马尼托巴大学的伊戈尔·谢米列托夫[3]这样的建模者已观测过近海岸 10 米水深处的沉积物，并估计其中甲烷解冻和释放的速度很慢，慢到以千年计。但海洋正在发生其他变化。

娜塔莉亚·沙霍娃等人[4]则更为关注沉积物中的居间不冻层（taliks）对甲烷释放的促进作用。居间不冻层乃海底永久冻土形成过程中的不规则现象，它们为海底沉积物中的甲烷水合物提供了向上逃逸的路径。沙霍娃发现，人们从东西伯利亚海中观察到的甲烷羽流多数都释放自居间不冻层。冰川蜗穴在格陵兰冰盖中与居间不冻层在海底甲烷释放过程中的作用有些类似——它们都让热过程发生在建模者并未预计到的沉积物内部。居间不冻层为甲烷分子提供了从其水合物牢笼中逃逸的路径，进而避开了永久冻土为其设置的障碍。因此，其释放速率并不依赖于沉积物的逐层解冻过程。

甲烷是一种十分强大的温室气体。正如我在第五章所说，其每个分子的全球变暖潜能是二氧化碳的 23 到 100 倍（这取决于你的计算方式）。北极近海甲烷气体的释放可能是 2008 年以来全球大气甲烷水平再次上升的主要原因，而大气中的甲烷水平曾在 2000 年左右趋于稳定（另一个可能的原因则是水力压裂获取海冰过程中的甲烷泄漏，而这个过程直到最近才刚刚开始）。海底冻土可能释放多少甲烷气体，又会在何时形成规模？这会对气候产生何种影响？随着格陵兰冰盖的加速融化，我们预计这一过程会加速海冰撤退，并减少地球的太阳能反射，从而加快海面上升的速度。但冰盖消失的后果也会在南北极得到体现。

北极甲烷释放的全球影响

我与盖尔·怀特曼（Gail Whiteman）和克里斯·霍普（Chris Hope）两位同事已经模拟了未来 10 年 500 亿吨甲烷的释放可能对气候造成的温度和成本方面的影响。[5]我们要记住，尽管这是一个大到不可思议的数字（我们每年释放的二氧化碳总量仅为 350 亿吨），但它仍不及东西伯利亚海甲烷总量的 10%。为了量化甲烷脉冲式喷发对全球经济的主要影响，我们使用了佩吉（PAGE）09 综合评估模型，它可将海平面、局部温度的变化以及洪水、居民健康、极端天气等不确定因素纳入考虑以追踪额外的甲烷释放情况。[6]佩吉 09 模型有效计算了从目前到 2200 年间每多（或少）排放 1 吨二氧化碳所造成的社会成本净现值（NPV）。佩吉 09 模型是佩吉模型的最新版本，它由剑桥大学法官学院（Judge Institute）的克里斯·霍普（Chris Hope）开发并被英国政府气候变化经济学的斯特恩报告（Stern Review）用来计算气候变化的影响。[7]所有结果都由该模型运行 1 万次得出，这能为各种风险建立全面的图景以减少不确定性。

我们测试了两个标准排放情景。首先是"一切照旧"的情景，该情景假设世界年复一年继续按照其目前的节奏增加二氧化碳和其他温室气体的排量而不采取任何干预行动。然后，我们运行了一个"低排放"情景（即英国气象局"2016r5low"情景），其结果是我们有一半的机会保持全球平均气温增幅在 2℃ 以下。我们在每种情况中都叠加了 2015 年—2025 年 10 年间甲烷脉冲式喷发进入大气造成的影响。我们还测试了其持续影响，以及比这更少的甲烷所造成的影响。

到 2040 年，甲烷释放造成的额外气温上升值为 0.6℃，这是个巨大的增幅（见插图 9.1）。这将是人类的灾难，部分在于其造成的气温上升之快。它将加速其他所有全球变暖效应，并且，除了降低海水的温度（比如再造海冰），我们别无他法阻止甲烷从海水中释放，这种办法也超乎想象。如此规模的甲烷脉冲式喷发将导致全球气温均值比前工业时期升高 2℃ 的日期提前 15～35 年——这一日期按"一切照旧"计算为 2035 年，按低排放情景计算则为 2040 年。请注意甲烷产生的气候影响有多快，因为尽管从排放进程开始到气温升高 0.6℃ 的峰

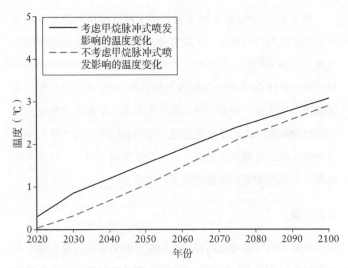

图 9.1：2015 年到 2025 年间 500 亿吨甲烷脉冲式喷发给全球平均气温造成的可能变化。

值用了 25 年，但它几年内就可导致气温升高 0.3～0.4℃。

按目前的估价计算，甲烷释放造成的气温增幅按一切照旧情景持续一个世纪，将为人类造成 60 万亿美元的损失。我们曾预计气候变化会给北极造成巨大的损失，尽管北极附近国家以及某些产业会得到短期经济收益，但相关损失之大仍令人震惊。这一估值为使用同一模型计算同期所有气候变化影响损失 400 万亿美元总值的 15%。按低排放情景，这一损失也达 37 万亿美元。无论甲烷脉冲式喷发是否会延迟 20 年（2035 年而非 2015 年）开始，或者延缓二三十年而非 10 年，代价都是一样的。甲烷脉冲式喷发 250 亿吨造成的影响几乎为 500 亿吨喷发量的一半。

佩吉09模型将地球划分为8个区域以模拟何处会发生变化。在上述两种情景中，甲烷释放之额外影响的全球分布密切反映了气候变化的总体影响：按价值计，亚洲、非洲和南美洲较贫穷经济体会承受甲烷释放之额外影响的80%的份额。低洼地区洪水泛滥、极端的热应激、干旱和风暴都因为额外的甲烷释放而加重。因此，全球变暖引发的海冰从北极大陆架消退这种单纯的北极现象，最终会造成全球影响。而且，亘古不变的是，全世界的穷人会遭受最多的苦难。

立即行动

就环境和气候变化而言，人们在可能的威胁面前有两个采取行动与否的标准。预防原则指出，即便我们不清楚威胁是否已经发生，也应该采取行动减轻损害。例如，1992年气候变化专门委员会发布第一次评估报告时，人们尚未获得人类排放的温室气体造成气候改变的确凿证据，但这种情况正在发生的推测强大到足以号召人们采取行动的地步。风险分析可帮助我们量化威胁的程度。从数学上讲，风险可简单地定义为影响发生的可能性与其带来的负面效应的乘积。概率很小但影响可能很大的风险尤其难以评估，比如小行星撞击地球的风险。但毫无疑问，北极近海甲烷脉冲式喷发的风险是巨大的。首先，根据沙霍娃和谢米列托夫这些最了解情况的人对海底沉积物成分及其稳定性的分析，甲烷脉冲式喷发产生的概率至少高达50%。更重要的是，这种情况一旦发生便会带来巨大的不利影响，单单经济损失就高达60万亿美元，还包括很高的人口死亡率。所以，无论如何定义，北极海底甲烷脉冲式喷发的风险是人类面临的最严重的直接威胁之一。

那么，我们为何对此无动于衷呢？为何气候科学家们大都忽略甲烷脉冲式喷发的风险，而几乎没在气候变化专门委员会的评估报告中提到它？我担心这是那些有责任讲出事实并倡导行动的人的集体性软弱无能（failure of nerve）。不仅那些试图掩盖北极甲烷威胁的气候变化否定论者对此喜闻乐见，很多北极科学家和所谓的"甲烷专家"也对此默不作声。部分这类专家习惯了北极甲烷的少量渗出现象，并将其作为大气甲烷成分的自然和人为来源之一，这似乎有些道理。但他们并未清醒认识到目前的环境状况是前所未有的：仅从 2005 年起，俄罗斯北极区域的大部分大陆架水域便已经常性处于大气环境系统之中，这会导致海水升温至远高于熔点的温度。北极科学领域之外的科学家很难认识到目前的全新情况，他们此前的旧观念已经失效。其他一些科学家的确清楚地理解了目前的情况，但从心理上更愿意它消失。例如，在 2014 年 9 月 22 日的皇家学会会议上，甲烷专家加文·施密特（Gavin Schmidt，美国航空航天局戈达德空间研究所所长）就公开嘲讽了大量甲烷会从海底溢出的想法，而当时科学家们正在宣布来自拉普捷夫海的研究结果证明了海底甲烷溢出的大量增加。甚至，实地研究者的完整性和准确度也受到质疑，沙霍娃和谢米列托夫甚至因为俄国人身份和女性身份（其中之一为女性）而遭到人身攻击。这简直刷新了科学界的底线，但事情还是发生了，因为这一发现的影响真的很重要。即便我们打算置身事外地等待二氧化碳排量逐渐降低，我们也不能袖手旁观500亿吨甲烷进入大气并造成全球气温迅速升高0.6℃的结果。而这只是第一个结果：未来几十年内，海底沉积物中比这多得多的甲烷会随着沉积物的持续融化而不断溢出，而陆地永久冻土（见下一部分）也会在很长的时期内释放更多的甲烷。

我们能做什么？首先，我们需要立即着手研究目前的紧急情况，因为我们对太多事情毫不知情。人们很容易说些正确的废话，要是我们可以通过其他方式阻止（比如地球工程）扭转全球变暖进程，那么北极夏季海冰就会重现，而大陆架水域的温度也会重新降至0℃的水平。永久冻土将不再解冻，甲烷也将停止释放。但由于甲烷羽流的不断释放已经造成了辐射强迫，我们已很难看到如何才能竭尽全力降低温度阻止甲烷的进一步释放。如果可以的话，我们就已经克服了甲烷气候变化，而且也没什么可过于担心的了。但情况并非如此，唯一有效的解决方式就是直接阻止海底沉积物在目前和将来的状况下释放甲烷，但我们却对此束手无策。有人提出建议说用塑料穹顶结构或板材收集甲烷并将其输往中央火炬点，但由于海底整个都在释放甲烷，要做出覆盖东西伯利亚海底的塑料板材根本不可能。目前，唯一可行的办法来自石油行业内部，即开发一种在活性沉积物之下水平钻井的水力压裂方法，然后将这些钻井和沉积物底下的通道连接起来。进入这些通道的甲烷被抽出并燃烧。燃烧甲烷是有道理的，因为甲烷分子燃烧之后会产生二氧化碳分子，后者加热地球的力度仅为前者的1/23。但如果甲烷能被捕获和使用，那就太好了。这个解决方案要求建设一个覆盖整个东西伯利亚海的钻井网络。没人计算过这个冒险的行动会耗费多少金钱。但在没有其他解决办法的情况下，我们必须紧急研究这个方案，如果切实可行，则应做好准备付诸实施。如果石油行业通过其先进的技术拯救了这个世界，这真是莫大的讽刺，但我相信上帝也会微微一笑。

陆地永久冻土融化的威胁

北极近海成了我们最大的直接威胁，但陆地永久冻土的解冻过程释放甲烷和二氧化碳的威胁则真实且无法避免。我们从北极生物学家细致的工作中得知，随着陆地永久冻土的解冻，其表面随之解冻的腐烂植被在一系列化学和生物过程作用下最终会释放出甲烷和二氧化碳。这与北极近海永久冻土情况的区别在于，甲烷在沉积物解冻之前便已形成且等着释放。而陆地永久冻土则要经历更为漫长的化学过程才能最终产生甲烷。

我们来看一些统计数字。陆地永久冻土的面积现在为1900万平方公里，其中包含连续的和不连续（斑块状分布）的冻土区域。这些冻土目前正在解冻；其温度自20世纪80年代以来已经升高了2~3℃。其解冻过程会释放甲烷、二氧化碳和（一些）一氧化二氮（N_2O）组成的混合物，而它们均为温室气体。据气候变化专门委员会的估计，陆地永久冻土的碳含量为1.4~1.7万亿吨。人们估计其中大约1100~2300亿吨会在2040年之前进入大气（以二氧化碳和甲烷的形式），到2100年这一数字为8000~14000亿吨，也就是说，2040年之前陆地冻土年均释放甲烷40~80亿吨，之后便升至每年100~

160 亿吨。

请记住这些数字。它们意味着到本世纪末，陆地永久冻土解冻过程释放的碳量约为近海甲烷脉冲式喷发 500 亿吨的 30 倍之多，而未来 10 年我们将为后者忧心忡忡。人们目前尚不清楚这些碳多少是以活跃甲烷的方式存在的，但这种可能性很大。因此，甲烷引发的气候升温过程将不可避免——这一过程可能很快发生，因为近海永久冻土会解冻并释放甲烷；它也可能因为陆地永久冻土释放甲烷过程缓慢而变慢；还可能既快又慢，即近海永久冻土中的甲烷脉冲式喷发加上陆地永久冻土缓慢但大量的甲烷释放过程。但我们肯定会在本世纪结束之前遭遇额外的升温过程。

再次强调，气候变化专门委员会 2013 年评估报告的引人注目的方面是引用了这些关于陆地永久冻土层甲烷释放数据，但它并未跟踪气候加速变暖的影响，尽管这种影响与近海甲烷释放相比可能有过之而无不及。

释放区域扩大

继沙霍娃和谢米列托夫等人的发现之后，人们对北极大陆架的研究进展也不断深入，研究人员进而发现了东西伯利亚海之外的大陆架区域的温暖近海也在释放甲烷。

谢米列托夫和沙霍娃将其研究区域扩展至东西伯利亚海之外，他们于 2014 年夏天搭乘瑞典破冰船"奥登号"（Oden）前往拉普捷夫海开展"SWERUS – C3"科考项目。这个团队发现大量甲烷羽流从大陆架数公里之外 200～500 米深的水域中释放，此外，他们在近岸 60～70 米深的水域也发现了 100 处甲烷释放源，其中包括一个 62 米深的剧烈甲烷爆发源，船上的首席科学家古斯塔夫松（Gustafsson）称其为"大型甲烷火炬"。该考察队在 2014 年 7 月 22 日发现了这个大规模的甲烷释放源；他们宣布观察到"升高的甲烷释放水平，大约超过周围背景海水中甲烷羽流浓度的 10 倍"。在大陆架海底沉积物中随便凿个洞就能产生甲烷羽流。[8]

俄罗斯－德国自 1990 年代起便开展的实地研究项目于 2016 年 1 月发布的一份拉普捷夫海洋报告显示，该海域甲烷释放正大量增加。[9]另外，人们于 2007 年起便锚定在该海域大陆架上 40～50 米水深处的一个研究站点也一直在测量海面到海底的温度和海冰厚度。测量仪器于 2012 年的酷热夏季记录到该海域较早的海冰撤退现象，随后中层水域由于勒拿河（Lena River）流出的河水以及进入海水中的太阳辐射而增温。这些因素混合形成的热量向下渗入到海底用了些时间，因此，海底水温直到冬季才升高，到 2013 年 1 月（用时两个半月）时升高了 0.6℃。海水升温将融化海底沉积物，这与"SWERUS－C3"科考项目观测到的温暖海水和甲烷释放现象都可以建立起联系。模型研究也显示，拉普捷夫海可能成为比东西伯利亚海更大的甲烷释放源。[10]

这第二个北极大陆架海域中，甲烷活动强度得出的结论是，甲烷释放现象并不仅仅局限于东西伯利亚海域，很可能，整个北极大陆架海域都是如此。因此，我们对甲烷释放水平的估计仍然过低。大气中实地监测到的甲烷水平显示，偶尔出现

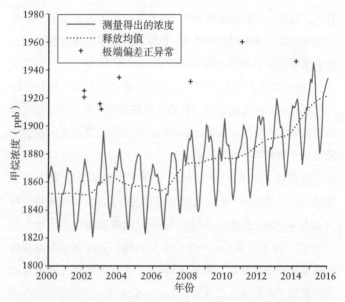

图 9.2：加拿大埃斯米尔岛阿莱尔特上空大气层中测得的甲烷水平，
2000 年—2016 年。

的峰值远高于背景水平（丹麦和格陵兰地质调查队的詹森·博
克斯称之为"龙之呼吸"，因为每个峰值可能都代表了来自单
个释放源的异常释放）。它们可能都单独产生于尚未被观测到
的广大区域。埃尔斯米尔岛北部阿莱尔特的一处甲烷监测站点
的记录显示该地甲烷释放水平在 2000 年时一直稳定在
1852ppb，这一数字在过去的三四年中已加速上升至目前的
1940ppb。

可能与上述现象有关的情况是，2014 年 8 月西伯利亚冻土
地带北部区域出现了三个神秘的带有缓和垂直外墙的坑洞，它

们周围都是沉积的土壤物质。地下甲烷爆炸是此种现象的最可能解释，甲烷在融化的永久冻土沉积物顶部聚集，最后的大爆炸将顶部沉积土壤掀翻。

所有这些事件都强烈表明，北极沿海地区甲烷正以之前并未观测到的机制加速释放。重要的是，即便气候变化专门委员会在其第五次评估报告中对其有所忽视，我们也已认识到这种现象对气候造成了威胁。

第十章

CHAPTER X

异常的天气

美国东部和欧洲西部在 2009—2010 年的冬天，2010—2011 年的冬天，2014 年（1 月）和 2014—2015 年的冬天都异常寒冷。美国的玉米收成因此受到严重影响，非洲也因此在应对饥荒时出现粮食储备不足的情况。显而易见，如果这种天气情况长期持续下去，北半球中纬度农业高产区会遭受损失，一些不稳定国家可能因此而发生大规模饥荒和政治动荡。单独一次的冬季极端天气可被认为是不断变化的天气状况发生的纯粹随机波动，但当这种情况连续六年出现而且看起来像是新的气候模式时，人们就会疑心这种天气状况与地球系统中其他观察到的变化有关了。因为这种异常现象正在北半球中纬度地区蔓延，而且这连续的反常天气往往释放出相反的信号（先暖后冷，然后再变暖），其可能的原因则是急流（jet stream）的变化。罗格斯大学的詹妮弗·弗朗西斯（Jennifer Francis）和威斯康星大学的斯蒂芬·瓦夫鲁斯（Stephen Vavrus）率先为异常的天气提出了某种可能的生成机制，[1] 这一机制为急流的变化、减弱的带状（北 – 南）风和北极夏季海冰的减少等现象建立了关联。如果这种解释正确，天气的变化就真的是气候的变化了，中纬度地区经济体会因为恶劣的冬季和春季气候而遭受严重的经济影响，而像 2012 年"桑迪"飓风这样的极端天气情况发生的频率也会随之增加。

海冰的消退除了影响天气，还可能影响我们为全世界人口提供食物供给的能力：因为高山冰川的消退会减少春季作物产地的供水量。

天气和急流

近年的极端天气主要集中在北半球中纬度地区。仅就2014—2015 年冬季而言，旧金山地区首次出现了 1 月无雨的天气，此间加州整体持续干旱；而新英格兰地区则有大量降雪。

两个大的气团连续而复杂的相互作用驱动着北半球的天气变化，它们分别为集中在北极点附近的北极气团和集中在低纬度地区的热带气团。全球温度不再随纬度而呈渐进、平稳的变化趋势，相反，低纬度和极地气团相接的地方温度变化趋势十分陡峭。这个被称为极地锋面（Polar Front）的大气边界产生于大西洋下沉区的气团碰撞带；这两个气团的位置标识了其运动轨迹。出现在高空大气层中的陡峭压力梯度（岁气团边界而动）导致对流顶层（tropopause，对流顶层是大气层随高度升高不断降温的机制不再起作用的地方，它位于北极区域上空 9公里处，该处的气温再次逐渐升高）下方产生非常强劲的高空窄带风，其时速有时候超过 200 英里。南北半球都有这种被称为急流的窄带风。"极地急流"通常是指北半球的急流，它与大气中的极地锋面有关。锋面温度相差越大，极地急流就越强：因此，冬季月份的急流最强，此时极夜中寒冷的北极和中纬度地区的温差达到最大值。跨大西洋航空乘客比较熟悉这种急流，因为它对美国飞往欧洲航班而言是强大的顺风，而对相反方向的航班则为强大的逆风。

由于锋面两侧气团速度相差很大导致急流很不稳定，因此其运动轨迹便呈现出曲折、蜿蜒的波形。急流速度越慢，其漫游的轨迹圈也越大，其速度也因此越慢。近年来，我们发现急流的漫游轨迹呈扩大趋势，即往更南和更北的区域扩展。这引发了另外一种能量反馈：急流边界热带一侧的北向运动气团将更暖的空气带往北极，而向南吹拂的极地一侧的气团则将更冷的空气带到了比以前纬度更低的区域。因此，急流漫游范围的扩张本身就是中纬度向高纬度的热传递加速器。这一过程反过来又加速了北极变暖，并降低了北极气团和中纬度气团之间的温差，从而缓和了急流并扩大了其漫游范围，最终加强了热交换反馈。因此，弗朗西斯和瓦夫鲁斯明确的机制可被称为急流反馈，因为北极海冰消退对急流位置的影响反过来又加强了海冰消退进程。

除了范围更大，急流向下（向东）涌动也随之变慢很多，这会导致天气模式的持续性，从而加剧了干旱、洪水、热浪和寒潮等气象事件，它们的持续时间是其严重程度的重要参考。

由于气团位置的改变，急流扩大的涌动范围影响的区域能进一步往南延伸。由于北极获得能量的减少（随着北极相对于低纬度区域温度的上升，它们的温差也逐渐下降），大西洋热带区域飓风频率也随之增加。于是，热带地区滞留的更多的热

量会加热大西洋热带区域和墨西哥湾的表层海水，而这些区域
正是飓风的起源地。

急流的影响是否属实？

　　弗朗西斯和瓦夫鲁斯提出的机制似乎是合理的，但它并非
北极海冰消退可能影响中纬度天气的唯一机制。事实上，西雅
图太平洋海洋环境实验室的詹姆斯·奥弗兰（James Overland）
曾提出三条理由告诫我们在为北极变暖与低纬度天气模式建立
任何直接联系之前应该慎重。[2]

　　首先，天然的谨慎态度让科学家会在确认了某种反复发生
的现象的统计有效性后才将其纳入某种因果链条之中。北极变
暖的放大效应得到增强以及海冰的大面积撤退都发生在过去
10 年里，而不正常天气事件则在过去 6 年表现突出；6 年时间
并不足以明确区分北极强迫和我们气候系统中的其他随机事
件。大气科学家们还在父母膝下之时就被教导气候（大气长期
的行为模式）和天气（多重随机因素导致的局部瞬时效应）
之间的区别。最好的天气预报在预测 14 天之后的天气状况时
也仅仅是炫"技"，即仅比随机猜测要好些；这的确就是天气
预报的极限，因为第 14 天的大气运动相对于第一天而言又显
得随机了。无论是观察火星表面图像还是观察大气压力图的科
学家都被警告要抵制空想性错视（pareidolia），这是我们从一
幅随机图像中看出本不存在之模式的天生倾向。火星上的
"脸"以及人们从罗氏墨迹测试（Rorschach ink blot test）心理
学实验中看出的意义都是空想性错视的例子。我们看到了海冰

撤退的模式，我们也看到了极端天气事件的模式，并且我们相信前者引发了后者。

（1994年，我遇到一个无关的北极空想性错视事件，当时我正协助别人开展到威廉国王岛的私人考察活动，目的在于"拜谒"一位英国海军军官为富兰克林修建的墓地。这个军官曾耗费大量时间搜寻该岛西海岸富兰克林的船只曾经受困的地方，正当他的食物即将告罄，马上就准备乘飞机离开的时候，他碰巧发现了一处"墓葬堆"［实际上是一处小冰丘］，他从中看出了完美的墓地形状：双排方石构成了长7英尺宽3英尺的步道。富兰克林1847年过世以来其墓穴就没有被人发现过。这个"墓葬堆"可能是富兰克林之墓吗？我们克服重重困难，耗费巨资才于次年抵达这个地方。眼前的东西看起来就像市政公墓一般坚固，外形也与坟墓颇为类似。我们在石头上的敲击伴有回音，这表明其下层中空的构造。我们兴奋地叫来一位加拿大考古学家，他乘坐双水獭飞机而来，并被允许移动这些石头。他在我们渴望的目光下轻轻抬起了石头……底下竟然是旅鼠地洞！我从未如此失望。多次调查之后，我们得出如下结论：冰川沉积作用形成的几乎完美的方形沉积岩一直立于冰丘之上，冰冻过程又造成连续的薄片岩石从母岩中脱落进而滑下斜坡，重力和意外事件的作用让它们排成双排形状，看起来就像是完美的人造墓穴。这为旅鼠在其底部打洞提供了便利。）

因此，海冰撤退和极端天气之间关联的论证都是无效的。六个连续冬季出现的极端天气事件碰巧对应着北极海冰的消退趋势，没有什么事情比这更不可能。如果极端天气继续遵循同样的模式,自然,这种空洞的假设已越发不能成立了。

另外一个十分相似的论证便是,被弗朗西斯和瓦夫鲁斯认为是极端天气事件的直接原因的急流实际上是一种非常混乱的气流,它很容易就能产生看似确定的随机影响。

第三,中纬度大气循环还有其他的强制因素。美国国家科学院集合对这一问题感兴趣的众多科学家于 2013 年 9 月 12 日至 13 日举办了一个研讨会,一份全面的报告随之产生。[3]每个科学家都有自己偏爱的解释机制。完全列举这些明显不同的可能机制如下:

——北极持续变暖→中纬度地区温度梯度降低→急流路径更为曲折→天气模式则更加稳定(弗朗西斯和瓦夫鲁斯于 2012 年最初提出的解释机制)

——北极海冰撤退→高纬度地区秋季积雪覆盖面积增加→秋冬季节西伯利亚高压范围和强度随之增加→向上的行星波(planetary waves)随之增加→平流层突然变暖的频率增加→极地涡旋(polar vortex)减弱,急流则更为蜿蜒曲折(科恩等人,2012 年[4];伽塔克等人,2012[5])

——北极海冰撤退→区域热量和其他能量通量随之发生变化→不稳定的极地涡旋→寒冷的极地空气移动至中纬度区域(奥弗兰和王[音],2010 年[6])

——北极海冰消退→急流路径更为蜿蜒,冬季大气循环模式接近于冬季北极振荡的负相位→频繁发生的大气“阻塞”模式(刘[音]等人,2012 年[7])

——北极海冰消退→夏季欧洲上空的急流位置南移→西北

欧多云、寒冷和湿润夏季出现的频率增加（斯克林和西蒙兹等人，2013 年[8]）

——北极海冰撤退→冬季大气循环的响应则类似于北极振荡的负相位→地中海区域冬季会出现极端降雨天气（格拉西等人，2013 年[9]）

——北极海冰消退→三极风（tripole wind）模式进入其负相位→东亚地区冬季降水随之增加，温度则随之降低（吴[音]等人，2013[10]）

鉴于我们一直都在考察的各种显而易见的反馈，事情显然不像它们表现的那般简单。我们需要更多地研究这些机制，但很明显，前述各种机制都可归因为与北极环境变化相应的中纬度气候事件的开端，尤其是海冰撤退及与之相关的各种反馈，尽管仅有弗朗西斯和瓦夫鲁斯解释机制中的反馈最为简单而直接。

人们发现的两个强有力的证据表明，北极变暖和海冰撤退与极端天气事件之间存在因果联系。第一个证据发现于东亚，该地区的巴伦支海和卡拉海的海冰撤退可能与西伯利亚高压（西伯利亚持续存在的高压区域）的增强有关，这导致冷空气爆发并进入东亚。其次，冷空气渗透进入到美国东南部，这与长波大气风模式的转变有关，它因格陵兰西部较暖的温度而得以加强。

天气事件和粮食生产

人们已经发现，出现在北半球中纬度区域高产农业区域的极端天气已经影响了当地的农业生产。与此相应，如果这种影响和北极海冰的撤退之间存在因果关联，我们便能预料这些极端天气事件会变成新的平常现象，即变成调整之后的地球气候周期。北极海冰在未来短期内不会自行恢复，温室气体浓度的持续上升经北极放大效应会让北极在未来几十年里迅速变暖。暴虐的极端天气会对世界上人口仍在迅速增长的区域造成灾难性影响。迟早，不稳定的气候会导致全球粮食需求和我们生产能力之间形成不可逾越的鸿沟。饥荒会无可避免地减少世界人口。科学家们多么希望全球变暖和天气模式的这种可能的变化之间毫无关联，这可能就是他们在面临不断增加的相反证据时仍坚持无效假设的原因。

北极环境变化可能影响低纬度天气的想法早已有之，但人们之前从未将其作为一种气候机制而提出。作为世界天气标志的北极是休伯特·威尔金斯爵士（Sir Hubert Wilkins）等极地探险家赖以生活和工作的动力。威尔金斯出生在澳大利亚的一个牧羊场，他曾亲眼目睹干旱对农民生计造成的灾难性后果。他在其《飞越北极》（*Flying the Arctic*，1928 年版）[11]一书中曾描绘了自己从阿拉斯加首次飞越北冰洋抵达斯匹茨卑尔根岛的情形，他如此写道：

> 众人常常问我为何要去北极地区……气象科学家们能从极地区域以及其他纬度区域多年前采集到的相关气象信息中总结出相关理论，进而让我们比较准确地预测季节变化。近年来，极地考察站的维护工作已证明，北极、南极

与世界上一些重要的粮食作物产区的大量环境变化之间存在直接关系。

似乎这些"重要的粮食作物产区"正是受到与极地环境变化相关的急流威胁最甚的区域。很明显,一些国家能发现我们西方世界无法观察到的情况并采取自我保护措施。比如,中国一直都在全球范围内(主要在南美洲和非洲等地)购买或租赁农业用地。他们向这些地区引入机械化农业的做法让当地少数农民摆脱了贫困,但同时却让其他农民陷入贫困。从长远看,这些行为也会破坏土壤、生物多样性、饮用水以及河流和海洋生境。但中国也在为未来而奋斗,以努力寻找足够的粮食。通过控制其他国家的土地,他们将掌控这些国家的粮食供给。

气候变化对粮食生产的影响可从粮食价格指数(FPI)中看出端倪,它是联合国粮食及农业组织制定的全球平均粮食价格衡量指标。如果我们将 2002 年—2004 年的价格指数当作值为 100 的基准线,这一指数从 2004 年往后迅速攀升并在 2011 年达到 230,此后又下降至 150(2016 年)。如果将这个指标与政治事件进行对比,我们可看到在 2011 年阿拉伯之春以后该指数曾大幅上涨,这一事件起因于人们抗议粮食价格及其对城市无业者造成的冲击。情况几乎总是这样,FPI 的高值与第三世界国家的社会动荡有关,这些地区的粮食价格往往占据了人们日常支出的很大比例。粮食价格而非其绝对缺乏往往是潜在饥荒的关键肇因。实际上,爱尔兰在 1845 年马铃薯饥荒的高峰时期曾向英国出口过粮食。而农民挨饿则是因为他们无法以当地市价购买粮食,马铃薯供应量的减少又加剧了这种局面。从绝对值看,当时爱尔兰实际上有足够的粮食养活所有人;人们只是因为无力购买而饿死。

除了类似极端天气事件等"自然"因素(若我们追根溯源,会发现这些因素也属人为)以外,我们还故意将粮食转化为生物燃料,进而让粮食供应形势变得更糟。最臭名昭著的例子便是玉米,它不仅是主食,而且也是美国在非洲饥荒时期向其提供的主要粮食援助品种。布什(George W. Bush)总统曾执著于将玉米转化为生物燃料的想法,现在美国玉米产量的40%便用于此途。正如人们预期的那样,这导致了全球粮食储备的崩溃,因为这些粮食本可用来减轻饥荒。欧盟也曾准备紧跟美国步伐,直到欧盟环境署下属的一个委员会(我也是其中一员)及时提交一份报告阐述了生物燃料甚至在温室气体减排方面的效率都很低[12],更别提它对人类食物供给的好处了。

总而言之,我们掌握了下述情况:

1. 北半球冬春季节的天气模式已经发生了明显的改变,极端天气情况也更为普遍。

2. 这造成了人口迅速增长时期粮食生产的中断,粮食价格指数也随之上涨,进而那些难以养活其人口的国家又面临新一轮的粮食匮乏和内部骚乱。

3. 如果这个机制确实与夏季海冰的消退有关,那么,我们便无法指望它自然而然地改善。

供水问题

供水问题往往与人类获取足够粮食的问题相互交织。澳大利亚的干旱天气曾激发威尔金斯前往北极研究极地气候。全球人口不断增加，生活在供水不足区域中的人口数量也随之不断增加。这就是所谓的水分胁迫（water stress）。人均年用水量少于1700立方米（包括农业等所有用水）的地区或国家被定义为水分胁迫区。[13]人均年用水量介于1000～1700立方米的区域则被称为"中度缺水"地区，500～1000立方米则为"长期缺水"区域，低于500立方米则为"极度"缺水区。令人惊诧的是，世界69亿人口中的36亿在2010年时仍生活在一定程度的水分胁迫之下——这一数字超过世界人口数量的一半以上。极度缺水人口比例最高的区域分别为北非和中东，前者2.09亿人口中有9400万人极度缺水，后者2.14亿人口中则有7100万极度缺水。随着这两个地区人口数量的迅速增长，两地的缺水人口比例到2050年会高出许多（到那时，北非3.29亿人口中有2.16亿处于缺水状态；中东的3.79亿人口则有1.9亿人口缺水）。人均可用水量明显与人口增长密切相关，但也受到气候变化的影响，气候变暖往往（但并不总是）导致干燥。其他很多因素也有影响，比如我们肆意地砍伐森林和破坏水域。

冰的存在或缺乏会直接影响水分胁迫。世界某些地区的供水则来自附近高山上的春季融雪和冰川径流，印度北部、玻利维亚高原和西藏等地便是如此。如果这种常规供水因为冰雪量的不足而消失，水分胁迫就会出现。这种情况仅仅因为全球变暖而产生，而与海冰并无直接关联，但水源和粮食的短缺肯定会成为威胁我们的两大隐患。

第十一章

CHAPTER XI

大洋烟囱的
隐秘世界

格陵兰海域大洋烟囱的故事及其在气候变化中的作用在科学层面是个美丽的故事，这个故事涉及大气、海洋和冰川的变化，它们相互交织共同造成了我们地球温度的重要变化。大洋烟囱直接影响了我的祖国。

首要的问题是，何谓大洋烟囱？大洋烟囱就是很深的垂直旋转的水柱，它能将大洋表层的冷水转移至深达 2500 米的海域。这与我们认为的亲切又稳定的大洋形象完全相悖，我们会认为大洋由不同水平层面的水体组成，不同层面的水体因为盐度和温度而彼此分隔，进而密度也有所差异。海洋整体上是稳定的：低密度海水位于高密度海水的上方，这种趋势一直持续到海底。表层水体难道一定无法下沉一英里半进而扰乱这种稳定性？好吧，它可以，但仅限于少数重要水域。其中之一便是格陵兰海域。尽管这种情况应该很不稳定，但却可持续经年。没人知晓其中缘由。

全球热盐环流

我们以热盐环流作为讨论的起点。热盐环流是全球大洋水域缓慢搅动的循环，与大多数被风驱动的洋流不同，它由海水的温度和盐度差异所致的密度变化驱动。其主要驱动力来自极地海洋，该处表层海水因海冰的形成而获得盐分（正如第二章所描述的，海冰中多数盐分被重新排向海水）并下沉。这一过程吸引了从热带地区缓慢流向极地的携带着热量和盐分的海水。热带的洋流因大陆形状和地转偏向力（Coriolis force）而改变方向，进而在北半球向右流动，在南半球则向左侧流动。

　　如果观察海水的表层循环（彩色插图 22），我们会发现与风力驱动的洋流循环有些类似的缓慢洋流（红色部分），即便无风，它也会一直流动。我们首先看看印度洋北部和太平洋北部两处广阔的上升洋流。这些洋流会把深层海水带到海面，然后缓慢地向南和向西流动。太平洋深处的海水会流经东印度群岛，并在好望角附近流入印度洋，随后它会向北流向热带区域的大西洋海域。这股缓流在墨西哥湾附近会聚集更多水体和热量，之后则会像墨西哥湾流（Gulf Stream）和北大西洋洋流一样穿过北大西洋。接着，它会继续向北流向北冰洋，随后便消失无踪。这意味着它会在某处下沉。接下来，我们能检测到一股深水洋流缓慢向南流经北大西洋和南大西洋，当其抵达印度洋和太平洋的时候就像走完了一个巨大的传送带——这个旅程持续了大约 1000 年。拉蒙特-多尔蒂地球天文台的沃利·布洛克（Wally Broecker）称之为伟大的海洋传送带，这是个好名字，只是其他科学家，比如伍兹霍尔海洋研究所的卡尔·乌恩斯克（Carl Wunsch）会说这股缓流远比以上描述的复杂，而且它还分割成了一系列支流。但彩色插图 22 给出了基本的轮廓，一股经加热、冷却、蒸发和地球转动驱动的不可阻挡的缓流——这些都是十分基本的驱动力。

传送带需要驱动力。驱动大洋传送带齿轮的则是上升洋流的动力，这一过程将印度洋和太平洋深层海水带往表层，而下沉洋流的动力则让表层海水下沉。我们关注的是极地区域的洋流变化，因此会忽略大范围的上升洋流并转而关注北大西洋海域里更为集中的下沉洋流的驱动力。这些下沉洋流出现在何处，其原因又为何？

科学家们发现下沉洋流仅发生在两个地方，且范围都十分狭小。[1]一处位于拉布拉多海的中心区域，该处表层海水因为冬季吹拂在拉布拉多海和格陵兰岛上空的冷空气而被冷却。整个冬季，冷却的表层海水密度最终增加到足以下沉到深海的程度。下沉的海水量很大程度上取决于冬季海上的气温，因而每年都会有巨大差异。另一处海水下沉区域因为海冰的参与而更为有趣。该处位于格陵兰海中心（北纬75°，西经0°）的一小片区域，我们将继续关注这个关键区域，因为这里发生的变化会影响整个世界。

格陵兰海中的对流区

格陵兰海是一片尤为重要的海域，它紧邻欧洲并与欧洲气候关系密切。多亏了低纬度地区的洋流为格陵兰海带来的热量，西欧的温度才比同纬度区域的平均气温高出 5 ~ 10℃（彩色插图23）。如果这种热量传输消失，英国和西欧的气候则会变得与拉布拉多一样。

格陵兰海的中心区域是深海的窗户。格陵兰海的洋流下沉区不及世界海洋面积的千分之一，但它对海洋环流而言却至关重要，因为只有通过这种下沉（也称"通风"）作用，垂直和水平的大洋环流才能完全地实现，而溶解在表层海水中的温室气体和营养物质也才能循环至深海。溶解在海水中的二氧化碳也通过这种下沉作用被带往深海，这一过程对海洋吸收我们每年额外排入大气的二氧化碳能力的强弱影响深远。有人提出，海洋对流过去的变化造成了沉积物和冰芯中检测到的气候快速波动现象，我们在本章接下来的部分中会看到，预测了格陵兰海域对流现象减弱的气候模式也相应地预测了西欧气候温度的降低。

格陵兰海中的对流区域位于气旋流涡（cyclonic gyre，即北半球逆时针旋转的大气环流）中心处，寒冷的洋流（东格陵兰洋流，EGC）从北极盆地将极地海冰和海水带入了这个环流系统，进而对其西侧产生影响；对该区域东侧产生影响的则是温暖的北向洋流（西斯匹次卑尔根洋流），它是墨西哥湾流的延伸；其南侧则是寒冷的扬马延洋流（Jan Mayen Current），它是东格陵兰洋流的支流，该洋流在北纬72°~73°附近因为海底的扬马延山脉的阻隔而从东格陵兰洋流分离进而朝东流去（彩色插图26）。格陵兰海也是北冰洋与世界其他地区水体和热量交换的主要通道，因为连接格陵兰海与北冰洋的弗拉姆海峡是深海海水进入北冰洋的唯一入口。海冰则从北冰洋向下转移至格陵兰海，并在这一过程中逐渐融化，因此就一年中的通常情况而言，格陵兰海域整个就是一片冰水池和淡水源。融化的海冰每年为格陵兰海贡献约 3000 立方千米的淡水量。

　　然而，冬季的格陵兰海域本身也能在东向的扬马延寒流经过的地方形成海冰。因为东格陵兰洋流本就让该处水体变得寒冷了。扬马延寒流会在沿着格陵兰岛海岸南下的过程中留下覆于其上的极地冰盖。这导致寒冷无冰的水体暴露于冬季寒冷的大气之中并被进一步冷却，在冬季盛行西风吹过格陵兰冰盖的气候阶段尤其如此。强烈的冷却作用导致新的海冰在这片寒冷的开阔海域逐渐形成。但新的海冰无法形成连续的冰盖，因为冬季格陵兰海域存在大量波浪能。相反，这些海冰遵循经典的"饼状冰周期"，它们一开始会在水体中形成碎冰晶组成的镁乳状悬浮物，然后形成仅为 1~5 米见方的饼状冰，其边缘在频繁的相互碰撞中不断扩张（彩色插图 24–26）。海浪将悬浮的碎冰晶挤压成团块状进而形成饼状冰。这些漂浮的饼状冰及其周围的碎冰晶完全填满了携带寒冷极地水体的扬马延洋流的表层。我们可从卫星图像（彩色插图 26）中看出这一点，新冰会形成被称为奥登冰舌的舌状突起，其覆盖面积可达 25 万平方公里。海豹猎手们于 19 世纪首次发现这一冰舌并为其命名，因为格陵兰海豹春季会在这些饼状冰上嬉戏并产仔。挪威的海豹猎手会沿着冰舌外缘追踪并猎杀海豹幼崽，从而获取珍贵的白色皮毛，他们将这一区域命名为奥登（即挪威语"海岬"的意思）。早期的捕鲸者也熟知此地，因为奥登冰舌以西有一部分受保护的开阔湾区水域，即诺尔德布克塔湾（Nord-bukta，"北部湾区"之意），缓慢游动的北极露脊鲸（bowhead whale）会频繁造访此地。我们在第六章谈到的杰出捕鲸者和科学家小威廉·斯科斯比在其 1820 年的经典著作《北极历史以及格陵兰鲸鱼业状况简论》（*An Account of the Arctic Regions With a History and Description of the Greenland Whale-Fishery*）中就曾描写过奥登冰舌以及诺尔德布克塔湾。[2]

饼状冰形成过程中令人兴奋的一点是，冻结的海水中包含的盐分并不会进入海冰之中，而是被排回海洋。在我的研究小组的实验中，我们用起重机将饼状冰吊上甲板并对其进行切片处理。我们发现较薄的饼状冰的盐度为 10‰（海水为 35‰），而较厚的饼状冰的盐度可低至 4‰，其盐度较海水已下降近90%。饼状冰中盐水的释放增加了表层海水的密度，同时也让表层海水更加不稳定进而导致其下沉。[3]这一过程中额外释放的盐分造成海水密度的增加远超其对拉布拉多海造成的影响。事实上，饼状冰的迅速生成以及因此导致的表层海水盐度的迅速上升现象对格陵兰海域大部分对流作用而言至关重要，它也因此让大西洋热盐环流得以持续。这就是饼状冰排盐过程让人兴奋的原因；排盐过程因为饼状冰的迅速生长而变得很快，而这一过程恰好发生在其能对海洋稳定性产生重大影响的地方。

由于奥登冰舌对斯堪的纳维亚海豹猎手的很重要，其覆盖面积自 1855 年丹麦气象研究所成立以来几乎每年都会被记录在案，该研究所自那时起还会发布月度冰舌报告。以往，冰舌会在每年冬季的 11 月形成并一直持续到 4 月甚至 5 月，因此我们可以假设海水对流在之前这段时期里一直都在发生。但自1990 年代起，某些事件影响了对流现象。1994—1995 年以及1998 年到现在的这两个时间段里，奥登冰舌已无法形成一个整体。这表明格陵兰海域发生了根本性的重要变化。为何会发生这种情况？部分原因在于气候阶段的转变，这导致奥登冰舌上空开始盛行更为温暖的东风（发生在两个大气循环系统之间的转换被称为北大西洋振荡，NAO）。但更严重的是，当北大西洋振荡回转至其先前的相位时，奥登冰舌也并未因此而重现，因为全球变暖使得海面的空气升温从而阻止了冰舌的形成。

大洋烟囱的秘密

上述情况意味着什么？它又如何影响了对流，即表层海水向深海的下沉？为了做出判断，我们必须研究对流的发生机制；人们最终发现了另外一个神奇的被称为大洋烟囱形成的进程，其产生的部分原因尚不明了。1970 年，人们在地中海西北部进行一项大型实验（MEDOC，即地中海洋流循环实验）时首次在温暖的利翁湾发现了大洋烟囱。[4]实验人员发现密史脱拉风（mistral，一种凛冽而寒冷的西北风）会在冬季从阿尔卑斯沿海区域呼啸而出，这股冷空气会让表层海水温度降低并下沉，这些海水以小股连续的旋转柱形而非以随机的方式下沉，这种现象因此被命名为大洋烟囱。单个大洋烟囱并不会持续太长时间——仅为数天——因为海水表层的风向会发生改变，它们因此被认为是某种有趣而神奇的现象。随后的 20 世纪 90 年代，研究格陵兰海的科学家开始怀疑这就是奥登冰舌下方海水对流形成的原因。我曾主持过一个名为欧洲次级海洋计划（ESOP）的欧盟项目，该项目随后又变成了另外一个也由欧盟资助的名为对流的研究计划。多亏了这笔研究资助以及众多拥有船舶的海洋学研究机构的参与（比如位于不莱梅哈芬的阿尔弗雷德韦格纳研究所以及位于特罗姆瑟的挪威极地研究所），我们才能在冬季期间进入奥登冰舌的中心区域一窥对流形成的究竟。

我们发现的情况十分惊人（彩色插图 27、28）。在仅为 2 万米宽的海域上，表层海水形成了一个沿顺时针方向转动的紧致水柱（方向与格陵兰海回旋相反），这个水柱将表层水往下输送，其影响可达 2500 米深处的海域，而该处大洋深度仅为 3500 米。[5]因海冰的形成以及冷却作用而密度大增的表层海水会一直下沉至与其密度一致的水域为止。这个紧致的水柱在这段下沉的过程中会穿透沿途的一切，包括深海处更为温暖的海水层。彩色插图 28 中的大洋烟囱的外侧轮廓温度为 -1℃（为了看起来像个烟囱，它被恰当地着以红色），它穿过了稍微温暖（0.9℃）的黄色海水层。无论我们以温度、盐度还是密度绘制曲线，都能追踪到大洋烟囱的存在。彩色插图 28 中的大洋烟囱旁边还有一个小型烟囱，后者下沉的深度不及前者。彩色插图 27 显示了一系列海洋观测站绘制的两个大洋烟囱的温度横截面，观测站中的探针下沉并测量其温度和盐度时恰好穿过了这两个大洋烟囱的中心区域。

这种旋转水柱如插图 11.1 所示，显出了惊人的一致性，阿尔弗雷德韦格纳研究所的"极地号"科考船曾停留在一个大洋烟囱之上并用声学装置（ADCP，声学多普勒流速剖面仪）测量其中的水流速度。[6]我们可以看到，水柱内部的水流速

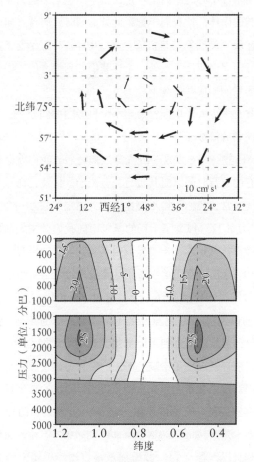

图 11.1：格陵兰海域一处大洋烟囱中心区域的水流速度，它显示出固体旋转的特征。上图是向下直视的水面图；下图的横截面显示，固体旋转朝水柱下方延伸（左侧的区域显示水流从纸面流出；右侧显示水流进入纸面的区域）。

度与它离水柱中心的距离呈一定比例——换句话说，水柱就像一个旋转的固体。让我们牢记，此处的顺时针旋转方向（这被称为海洋反气旋现象）与格陵兰海域中洋流一般情况下的逆时针旋转方向完全相反，另外一个让我们感到惊奇的原因就是这种水柱居然能形成并持续下去。

总共有多少大洋烟囱？使用小型科考船的问题——我们使用的是便利的挪威船只"兰斯号"（Lance）和"扬·梅恩号"（Jan Mayen）——是发现一处大洋烟囱之后，我们就必须耗费剩下所有的航行时间以对其进行充分测绘。格陵兰海域冬季恶劣的天气经常让我们不得不停止工作并锚定船只——令人难忘的是，"力量12"风暴下半场的暴风雨向我们袭来之前的片刻时间宁静得让人迷惑，当时暴风眼正从我们身边经过，气压降到仅为917毫巴。我们单次考察最多发现过两个大洋烟囱（冬季多数时候我们仅能发现一个，这独一个恰好位于北纬75°，西经0°的位置），那次考察开展于奇迹般寂静的冬季，我们感觉到自己的考察站离任何可能被探测到的大洋烟囱十分接近。[7]因此，我们怀疑那一年格陵兰海中心区域的确仅有两个大洋烟囱。我们对过去几年的研究重新分析之后得出，该区域过去曾有多个烟囱：来自巴黎皮埃尔·玛丽·居里大学的让·克劳德·加斯卡尔（Jean-Claude Gascard）于1997年在该海域部署了一系列悬浮浮标（它们被增加重量以漂浮于预定的深度），他发现其中4个浮标任何时候都会在240米~530米深处的海域密集地绕圈，我们后来意识到，这一定意味着它们陷入了大洋烟囱之中。因此，20世纪90年代的大洋烟囱数量多于21世纪初的数量。毫无悬念，当时的海冰也更多。

研究对流项目期间，我们连续 3 个冬天（2001—2003 年）去到这个回旋中心，而我们在阿尔弗雷德韦格纳研究所的同事则在此期间的夏季造访该海域。我们发现了一些令人吃惊的情况。烟囱能持续很长时间。第一个冬天发现的开放烟囱在随后的夏季还被人们在同一地点发现，但其上已经因为海冰和冰川的融化而覆盖了一层约 50 米厚的低密度新鲜海水。这层海水下方，大洋烟囱仍然存在，就像一个不停旋转的细胞。次年冬季，它重新作为对流中心出现在了海面。这一过程在随后的夏季和冬季再次重复，直到我们因为项目结束而无法进一步对其进行跟踪研究。这是人们研究过的持续时间最长的大洋烟囱。[8]持续时间如此长的紧致水柱在海洋中的其他地方闻所未闻，海洋中的涡流都会在几天或数周的摩擦和"下沉"作用下失去能量和动量。我们并不知道什么因素导致大洋烟囱在压缩状态下如此快速地旋转。它为何不停下来？我们也不知道大洋烟囱为何会如此准确地停留在同一个地方——我们所知的最长的一个大洋烟囱三年里仅仅移动了 1 万米，尽管海底并不具备将其锚定在一个地方的功能，例如经常发生在大洋涡流中的情况一样。大洋烟囱在许多方面仍是一个谜团。在做出这些关键发现并了解了它们对大气的巨大影响之后，我们曾反复向英国自然环境研究会（NERC）投标希望他们支持相关区域的大洋烟囱研究却屡遭拒绝，我们对此深感失望。

我们所知的情况是，目前这些惊人的对流结构已越来越少，这与奥登冰舌的消退一致，并且格陵兰海域中对流的减少

会对全世界海洋气候产生严重影响。模型数据表明，每年需要
形成 6～12 个大洋烟囱才能解释深海水体的形成[①]。这些大洋
烟囱如今又在何处？海冰都难以形成，它们还会存在吗？深海
水体的形成是减慢了还是停止了？或者这些烟囱是以别的方式
继续存在，抑或存在于别的地方？

《后天》中的伟大传送带

2004 年上映的电影《后天》（*The Day After Tomorrow*）中
的情节既太夸张又不准确。在这部电影中，因为极地海域融水
引发的大洋中对流现象的减弱导致了气候的变化，纽约因此在
几天之内就变成了冰雪茫茫的极地沙漠。其中传达的信息就是
最好不要扰乱热盐环流。但我们正在对它造成干扰。已有证据
表明，高纬度地区对流现象的减弱使得传输至大西洋的热量也
相应地减少了。大西洋热盐环流总体强度估计为 15～20 斯维
尔德鲁普（Sverdrups，即百万立方米每秒），其向北输送的热
量为 1 拍瓦每秒（petawatt，即一千万亿瓦）。人们已经观察
到，深海水域向南流经法罗群岛的洋流强度已经减弱，这表明
部分传送带（将水体从深处运出北极的部分）也慢了下来。
人们在一段时期内可能并不会注意到北大西洋表层热盐环流的
减弱，因为受风力驱动的墨西哥湾流和北大西洋洋流主导着这
部分表层洋流的流动。但最终人们还是会注意到传送带中损失

---

① 　此处的深海水体形成指的就是大洋烟囱导致的表层水对流至深海的过程。——
译注

的这部分温暖洋流。

热盐环流的减弱会让气候变冷，或者至少让我们生活其中的欧洲大西洋沿岸气候变冷吗？的确如此，尽管不会像电影中表现的那样剧烈或严重。事实上，这种现象可能意味着我们所在的区域比欧洲大陆升温更慢。彩色插图 29 就显示了欧洲环境署根据其运行的气候模型做出的预测，其中标准的"一切照旧"情景给出了欧洲大部分地区到 2100 年时会升温 4℃，这是我们预料之中的可怕情景，这种温度的增幅会让南欧的气候变得跟现在的北非类似。但该模型模拟的情景包含了大西洋热盐环流减弱的情况，这种情况会极大地降低英国、爱尔兰、冰岛和挪威大西洋沿岸、低地国家和法国等地的升温幅度。事实上，英国的升温幅度仅为 2℃。自然，作为报偿，低纬度区域滞留的更多热量则意味着大西洋热带区域表层海水升温更快，这可能会导致更强烈的飓风。

2003 年，人们在格陵兰岛南端的东部的艾尔明格海（Irminger Sea）发现了新的对流点，这可能与格陵兰海域对流现象的减弱有关。[9]此处的对流比格陵兰海域的浅，多数年份的冬季仅能达到 400 米，特别寒冷的冬季则为 1000 米。而该处的对流形式也与格陵兰海域中的对流完全不同——此处没有齐整而神秘的水柱，有的只是占据着相对较大区域的大量散开的凹陷水体，这些水体随后会流向西南方向进而与拉布拉多海水相互作用。这似乎是拉布拉多海对流的某种前身，而海冰并未参与其中。

未来

　　格陵兰海对气候的直接影响的相关研究已经很清楚了。人们必须调整气候模型进而将对流项目发现的机制纳入考虑范围。但我们必须记住，对流项目仅是一个物理项目，它旨在了解部分海洋（同时也是生命的栖息地）中的物理现象。生物学和化学也需要将这一项目的成果纳入考虑范围。汉堡大学的扬·巴克豪斯（Jan Backhaus）的一项发现表明，冬季每单位海洋面积的大洋烟囱中的浮游生物数量与夏季和春季相同。原因在于大洋烟囱包含的 2500 米长的水柱的整体密度是一致的，因此，浮游生物可以毫不费劲地上升或下潜以寻找营养物质。即便在黑暗的冬季，同等面积的大洋烟囱也能比其他类似区域的正常海域供养更多的生命。

　　仍然存在的挑战还包括：继续跟踪格陵兰海域中心区域目前的对流结构的消散以及新结构的形成，进而预测气候和表面风力的变化对水柱和对流水体深度的意义。与气候科学的其他许多领域一样，我们亟须进一步研究大洋烟囱以避免令人不快的慌张，而这些研究项目跟其他很多领域的研究项目一样尚未得到资助。这似乎从另一方面说明了一些气候科学家和多数科学基金机构的精神层面的自我审查。近年来，不单单英国如此，格陵兰岛中心区域的许多科研工作建议都被拒绝了。然而，所有人都认为热盐环流是我们气候系统的重要组成部分，其变化或紊乱都将产生重要的全球影响。所以，科学家回到那片海域工作的意义重大。

第十二章

CHAPTER XII

南极的现状

南极海冰的奇特故事

到目前为止，本书关注的重点一直是北极。我们有很充分的理由这么做：北极乃欧亚大陆和北美大陆多数发达工业国家的后院，这里迅速发生的变化会立即对我们产生影响。对英国而言，格陵兰海域的海冰离设得兰群岛（Shetland Islands）仅有 400 英里。对加拿大、俄罗斯和美国而言，海冰区域是其领海的一部分。相比之下，南极就显得十分遥远；它甚至远离任何别的大陆板块。将南极洲和南美洲分割开来的南极大陆最狭窄处的德雷克海峡也有 1200 英里宽。那里发生的事情很重要吗？

的确重要，原因至少有二。一是冰雪的反射率反馈效应必须将地球作为整体加以计算。我们在前几章讨论过北极海冰是如何迅速消退的。我们知道，这种消退速度大大超过了多数气候模型的预测，这些模型预测的消退速度慢于全球变暖的大致速度。在这方面，北极海冰是个异常现象。但南极海冰的情况则显得更加异常，因为它实际上在不断增长。增长不多，但仍在增长，尽管南极大陆整体上也在变暖。如果南极海冰不断增长，那么，这将有助于抵消北极海冰和雪线撤退引起的全球反射率的损失。其次，南极海冰的增长和北极海冰的迅速消退对全球气候模型构成了同样的挑战——计算机模型预测了南北极区域海冰的缓慢消退，因此，这些模型对这两个地方的预测都错了。根据博尔德美国国家冰雪数据中心的数据，南极海冰面积在 2013 年 9 月达到了 1947 万平方公里的最高纪录。这超出了之前 2012 年的纪录约 3 万平方公里，比 1981—2010 年的平均值也高出 2.6%。最近几年，南极海冰面积稍微回落，2015 年回落至 1883 万平方公里，这很可能与南半球厄尔尼诺大气模式有关，[1]但它仍呈缓慢增长态势。

我们从卫星上的被动微波仪器中可知，南极海冰整体上在不断增长。尽管事实上南极至少有部分区域——南极半岛——正在迅速变暖，[2]这种趋势也引发了 2002 年的一个壮观事件——即南极半岛东部的拉森 B 号冰架的崩塌——其中面积为 3250 平方公里、约 200 米厚的冰架分裂为众多冰山群，随后，这些冰山有记录以来首次漂离了南极半岛海岸线。

那么，为何在气候变暖和冰架面积不断减少的情况下，南极海冰却在不断增长？为了回答这个问题，我们需要理解南极海冰与北极海冰的区别。当然，北极由陆地包围的大洋组成，而南极则由海洋环绕的巨型大陆架组成，就此而言，南北极有所区别。（有趣的是，北冰洋与南极大陆的大小和形状非常相似。）风力模式和海洋洋流往往将南极从全球天气模式中隔绝开来，因此，南极的变化趋势与北极有所不同。

南极为何如此不同?

南极海冰与北极海冰不一样。当然,它们均由海水冻结形成,但与北极海冰相比,南极海冰的形成方式、性质和外观均有所不同。初冬时节,南极海岸近处便开始形成海冰,冰缘线会在冬季朝南冰洋不断延伸并暴露于世界最大大洋的威胁之中。直到初冬冰缘线延伸的时候,一支考察队在浮冰块上从事科考研究后,人们才理解了南极海冰的产生机制。这项研究就是 1986 年开展的冬季韦德尔海科考项目,研究人员当时使用的是德国科考船"FS 极星号"。我与其他 50 位科学家一起参与了这次值得纪念的考察之旅。我们在穿越冰缘区域时仔细研究了冰面条件及其特征,进而将所谓的碎冰晶 – 饼状冰循环确定为浮冰块内部多数单年冰的来源。[3]

我们已经看到(见第二章),冰块生长于平静的水面并形成一个最初的薄冰层,之后凝固成名为尼罗冰的透明冰层;水分子会在尼罗冰盖底部冻结,冰块逐渐向下延伸,这一过程中的选择因素会有利于具有水平 C 轴的晶体,最终,单年冰冰层逐渐形成。南极冰缘线的极端条件无法让海冰以这种方式直接形成连续的尼罗冰盖,因为南冰洋能量很高的波浪场(wave field)和湍流会让新冰以碎冰晶的方式密集地悬浮在海上。由于细小的冰晶会在波场中旋转,这些悬浮的新冰便会经历周期性压缩过程,冰晶会在压缩阶段冻结在一起并形成小而连续的块状雪泥,随着更多碎冰晶的加入以及它们之间的连续冻结过程,这些块状物又会增大并变得坚固。它们被称为饼状冰是因为它们之间相互碰撞会把悬浮的碎冰晶泵到冰缘处，接着，水分流失之后碎冰晶的冰缘便得到延伸，这会让每个块状物都具有煎饼的外观。冰缘处的饼状冰的直径仅为几厘米，但它们会在远离冰缘的过程中不断增加直径和厚度，直到其直径达 3 ~ 5 米、厚度达 50 ~ 70 厘米为止。由于海面不会被海冰彻底封闭以及大量的海洋 – 大气热通量仍然可能储存潜热，饼状冰四周的碎冰晶会不断增加并为其提供其生长的材料。正如第十一章所描述的，格陵兰海中的奥登冰舌的形成机制与此完全一致，其不同之处则发生在海冰进一步生长的阶段。

现在，由于波浪能的减损，离冰缘线更远的地方则获得了波浪的保护，饼状冰便开始冻结在一起；但在 1986 年的冬季实验中，我们发现波浪场强大到足以防止饼状冰的整体冻结，除非饼状冰能穿透海浪达 270 公里的范围。在这个区域，饼状冰会合并成一个巨大的浮冰块并最终形成一个连续的单年冰冰盖。开放水域在这个意义上被饼状冰阻断，后者的生长速度也降到很低的水平（估计每天为 0.4 厘米[4]），并且单年冰最终达到的厚度仅比合并的饼状冰厚了几厘米。[5]

以这种方式形成的单年冰被称为加强型饼状冰（consolidated pancake），其底部形状与北极海冰有所不同。合为一体时的饼状冰会乱七八糟地堆在一起，夹杂其间的碎冰晶则像"胶水"似的将这些乱糟糟的饼状冰冻结在一起。结果，如此冻结在一起的海冰的底部会呈现出粗糙的锯齿状，其中的饼状冰的整体厚度可达正常海冰的两到三倍，而此类海冰顶部突起的饼状冰则构成了我在一篇文章中描述的"乱石场"（stony field）

景观，因为这与干石墙（drystone walls）环绕的景观很相似。这种海冰与平静海面形成的海冰之间的对比可见插图 12.1，该图呈现了我们在海冰上每隔一米钻孔测得的海冰剖面图。钻孔尽管很费劲，但它却是我们绘制海冰底部形状的最好办法，因为 1959 年的《南极条约》禁止潜水艇在南极海域活动。

加强型饼状冰的底部让海面的单位面积增大许多，这为藻类的生长提供了极好的基础，也为磷虾提供了庇护所。大量阳光从薄薄的海冰中穿过，浮游植物得以在其底部存活并进行光合作用。结果，一个丰富的冬季海冰生态系统便产生了，据估计，南冰洋生物总量的 30% 产生于此。

即便《南极条约》签署 30 年之后，仲冬时节的南极浮冰块上也没有多少考察船。阿尔弗雷德韦格纳研究所于 1989 年开展了一项名为冬季韦德尔海环流研究的科考项目（我也曾参与其中），[6] 由于科考船之间的协作和冰上营地（1992 年建立的"韦德尔 1 号"冰站[7] 和 2004 年 5 月建立的"极星号"冰站[8]）的建立，此后韦德尔的海上实验便越来越多。但我们并没有足够的证据确定南极周边所有的海冰都遵循碎冰晶－饼状冰的生长顺序，但如果的确如此，初冬南极饼状冰覆盖的区域则可达 600 万平方公里，这是地球表面少见但重要的组成部分。离奇的是，这片突起的白色饼状冰景观尽管占据了如此广大的区域，但却鲜为人知。得窥其真容者可能不足千人。

海冰上的积雪

南极海冰上空的年降雪量远远高于北极，因为南极洲与南

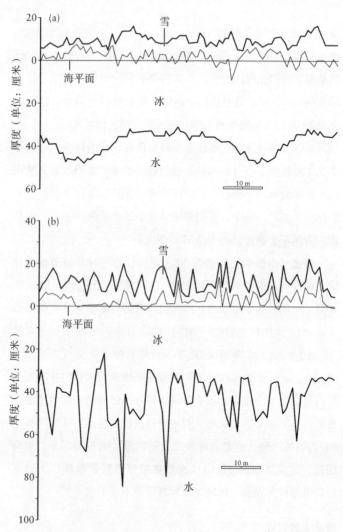

图 12.1：间隔 1 米钻孔测得南极冰盖冬季的整体厚度，图中显示了底部平缓（a）的平静条件下生长的海冰与加强型饼状冰之间的差异，饼状冰以混乱的方式冻结在一起，底部为锯齿状，厚度为正常饼状冰的两到三倍（b）。

冰洋之间的近距离为南极洲带来了更多的水分和降水，而在沿海区域，下降风（来自南极冰盖顶部的下降风）也会将积雪吹向海冰。从"极星号"考察船 1986 年 7 月至 9 月在东韦德尔海的航行中，我们发现单年冰表面的平均积雪厚度为 14 ~ 16 厘米。由于海冰本身很薄，其上的积雪则足以将海冰表面推至钻孔内海平面之下 15% ~ 20% 的地方，这种情况会导致海水渗透到表层的积雪之中进而在海冰表面形成潮湿的雪泥层，或者在冻结时让干雪和原初的冰面之间形成"雪－冰"混合层。1989 年 9 ~ 10 月间的积雪甚至更厚，我们造访过的韦德尔海西部的多年冰上尤其如此。这种情况几乎每年都足以将冰面推至海平面以下。插图 12.2 中的（a）（b）部分就显示出这两种类型冰盖之间的对比情况。厚厚的积雪遮挡了海冰，而泥状的湿雪又意味着卫星雷达无法很好地探测海冰厚度，因为湿雪会反射雷达波束。毫无疑问，积雪和海水透进积雪形成的泥状冰（又称"陨冰"，meteoric ice）在南极海冰中会比它在北极海冰中发挥更大的作用。[9]

海冰的年度循环及其变化

正如我在本章开头时所说，近年来尴尬的气候模式导致南极海冰面积呈缓慢上涨趋势，但不同区域之间的差异较大。

插图 12.3 显示了 1978 年—2011 年这些正常年份中的海冰面积年度循环周期。[10]夏季，韦德尔海西部和罗斯海成为仅存的两处主要海冰区，因此，这两个区域可容纳大量多年冰，而北极直到最近还遍布此类海冰。这两个区域海冰面积最小值的

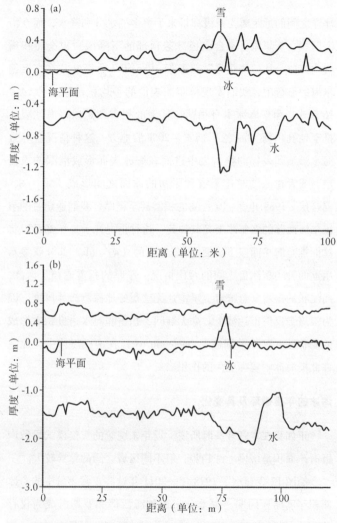

图 12.2：冬季海冰的剖面厚度显示出韦德尔海西部区域中单年冰（a）和多年冰（b）之间的差异，这种差异说明了厚重的积雪盖会将冰面压低至海面之下，对多年冰而言尤其如此。

年度变化不大。随着冬季的来临，新冰会在冰缘线北部形成，海冰极限会向北挺进直到冬季结束时（8－9月）在南纬55°－南纬66°附近达到最大值，随后便逐渐撤回至其最初的起点。海冰在印度洋中的北部极限为南纬55°，东经15°附近，但其主体则占据了东南极洲南纬60°附近余下的大部分区域，然后海冰会进一步扩张至南纬65°以南的罗斯海。冰缘会稍稍向北移动到南纬62°，西经150°附近，然后海冰会最终从南极半岛往北挺进并在吞并南设德岛和南奥克尼群岛（South Orkney Islands）前再次向南蔓延至南纬66°附近的阿蒙森海海域，循环周期至此结束。因此，我们在南极考察的那个冬季海冰纬度变化的最大值为11°。

南极海冰北向移动的极限位于南极绕极流边缘处，该处水面温度会在极地锋面或南极辐合带的影响下急剧变化。此处其余的一切也都在变化之中——搭船由此往南，你依次会看见冰山、企鹅、信天翁、贼鸥等种类丰富的南极鸟类以及大量浮游生物（比如著名的磷虾）和捕食它们的鲸鱼。海洋逐渐变绿，这里的空气也出现了生命的气息。然而，海洋中的各种现象（风暴和涡流等）和海面温度都会让海冰消散，因此海冰绝少抵达这种自然的海洋边界：美国国家航空航天局的杰伊·沃利（Jay Zwally）及其同事[11]证明了，冰缘线在冬季的扩张与低于海水冻结温度（－1.8℃）的海面空气温度的推进密切相关，且与空气温度极值的温度线（或等温线）一致。这个年度周期的大小（定义为主要冰缘线南部的海域）可被卫星，特别是美国航空航天局的被动微波卫星（即 SMMR，SSM/I，

SSMIS）轻易测量，插图 12.3 显示了 1978 年到 2011 年间马里
兰格林贝特美国航空航天局戈达德空间飞行中心研究小组得出
的结果。[12] 平均而言，这段时间中海冰面积最大值和最小值分
别为 1850 万平方公里和 310 万平方公里。

如插图 12.3 所示，南极冬季冰面面积最大值整体上呈缓
慢上升趋势，每年增加约 1.71 万平方公里。然而，这种趋势
掩盖了大量的区域和季节性变化。罗斯海区域的海冰面积增长
最为迅速（1.37 万平方公里每年），印度洋海域和韦德尔海海
域的海冰面积增长则较缓慢，而南极洲西部的别林斯高晋海
（Bellingshausen）或阿蒙森海海冰面积则每年消退 8200 平方公
里。华盛顿大学的埃里克·斯泰格（Eric Steig）发现，太平洋
位于南极洲大陆的部分（从南极半岛到罗斯海）的空气温度
上升速度是南极大陆其余地区的两倍，[13] 而人们分析了伯德科
考站（经度为西经 120°）的温度记录后得出如下结论：1958
年到 2010 年间，这部分海域温度上升了 1.6℃到 3.2℃，这是
个很大的增幅。[14] 南极洲太平洋部分（南极洲西部）的迅速升
温也反映在 1979 年到 2010 年间海冰覆盖时间（给定地点每年
被冰体覆盖的天数）每年减少 1 到 3 天的趋势上，[15] 而大西洋–
印度洋海域的海冰覆盖时间则呈缓慢上涨趋势。冰盖反映的信
息很明确：东南极洲的冰盖覆盖面积正在缓慢增长，而西南极
洲狭窄的冰盖正以更快的速度减损，其整体效果则是冰盖面积
上涨十分缓慢。

其他更详细的冰盖变化则与局部地形因素相关，这一点在
春季或夏季表现得更为明显。12 月，东经 0°～20°的恩德比地

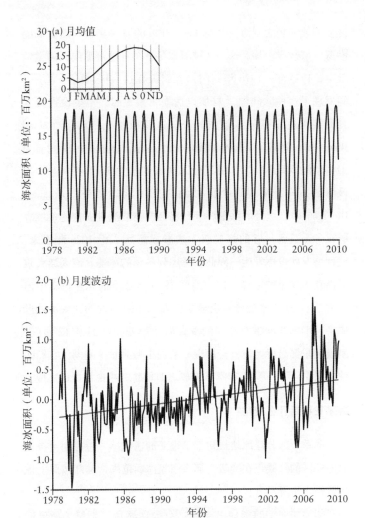

图 12.3：（a）1978 年 11 月到 2006 年 12 月南半球海冰面积月均值。图中显示了平均年度周期。（b）海冰面积的月度波动。

区会形成一个大型海湾并与 11 月开放的海冰集中程度更低的沿海区域连成一片。这一区域类似冬季某种神奇冰间湖的微缩版本，1974 年—1976 年期间，人们曾在这一区域的浮冰块中间发现了这种冰间湖，[16]自那以后便再没见过，至少没发现其具有某种完全开放水域的特征。这片位于毛德海隆（Maud Rise，即一处减少了海水深度的海中高原）区域的冰间湖名为韦德尔海冰间湖。"FS 极星号"考察船于 1986 年冬季考察过该海域，人们发现这个区域隶属于南极辐散带（Antarctic Divergence），该处的深层温暖海水会向上翻涌进而让此水域表层在冬季具备足够的热量而无法形成海冰。[17]但 1976 年以来，这种情况就没再发生，因此，考虑到冬季的冰盖，该区域大致平衡在不稳定的边缘。这一地区 1986 年冬季的冰盖很集中但很薄。[18]12 月的冰盖分布也显示罗斯海不断出现的开放水域形成了所谓的北部带有冰盖的罗斯海冰间湖。11 月和 12 月间，南极洲东部沿海区域就会出现一系列小型沿海冰间湖，它们多数由离岸（下沉）风在海冰形成之时便将其吹离海岸而形成。

海冰正在起什么变化？

冬季大部分浮冰块最初都是很薄的饼状冰。考虑到南极大部分地区的气候正在变暖，那么南极冰面范围为何却按照上述区域模式不降反升？

华盛顿大学的张金伦（音）对极地冰盖（即整个南极的冰盖）提出了环极地扩张的简单解释。他认为这是南极大陆附近风力增强的结果。[19]其中的关键则是环极地西风带，也称极地涡流。自 20 世纪 70 年代以来，卫星便已经能够测量这些风的强度，而测得的风力强度一直在稳步增加。这里主要盛行西风，平均风力也较大。让我们以一个典型的浮冰块为例。这样一块浮冰会因其表面的风力而往东漂移，但在这一过程中，另外一股力量又会使其往左转向，即让该浮冰块向北移动。这股力就是地球转动产生的地转偏向力：它在北半球的作用方向为右，在南半球为左，在赤道附近则不起作用。它起作用的原因则在于我们总是相对于地球表面某个固定的参考系（比如南 - 北，东 - 西轴线）而对移动物体进行测量，但由于地球表面的旋转实际上是一个加速的参考系，因此，其上移动的物体并不走直线而会向左或右偏转。

地转偏向力与物体相对于地表的速度呈正比，因此随着风速的增加，作用在浮冰上的地转偏向力也会增加，浮冰也会更快地向北移动，尽管它主要往东漂移。因此，尽管浮冰块会到达空气温度能让其融化的区域，其向北的速度也会将其带到比这更远的地方。因此，南极浮冰块整个就像风力驱动的旋转木马，它会将海冰向北扔到更为温暖的水域。然而，这种看法可能过于简单。首先，这种机制可能会增加海冰的范围（extent）但不一定会增加其面积（area），因为它仅对已经存在的海冰的动力机制起作用。我们可从海冰在冬季向北漂移进而让空出的开阔水域迅速冻结的角度来解释南极冰面的增加现象。其次，这种机制只会暂时导致冰面增加，全球变暖的大趋势最终会战胜增加的风速，进而海冰将无法抵达纬度更低的水域。然而，这种机制毕竟基于简洁的物理学，而且人们也的确观察到了环极地风速的增加。

　　我自己的解释则基于前述的碎冰晶－饼状冰循环及其与这些增强的环极地风的相互作用机制。更强的风吹向南极会引起更大更长的海浪。更长的海浪能进一步穿透边缘冰区，并且还能让碎冰晶－饼状冰远离冰缘区。我们知道，碎冰晶－饼状冰的生长速度远快于连续海冰，其原因在于大气与海水之间并未被隔断，因此海洋中的热量能够轻易地散发到大气中进而让海冰更快地生长。难道南极冰面的增加仅仅因为风力更大、海浪更猛的时期出现了海冰生长更迅速、范围更大的碎冰晶－饼状冰区域？

南极对其他地区变化的反应

　　为了解释海冰变化趋势的区域性质，我们需要一个将其他地区气候强迫纳入考虑的模型，这些强迫会对南极海冰造成局部影响。

　　尽管其影响是长期的，但已经开始减少的南极冰盖本身（尽管比格陵兰冰盖的减少速度慢很多）就是明显需要被纳入考虑的因素。[20]根据 2011 年 5 月于布拉格举办的欧洲航天局宜居星球会议（Living Planet Conference）的估计，目前南极冰量每年净损失 840 亿吨，而格陵兰地区每年的冰量损失至少为3000 亿吨。人们预计，如果南极冰量损失速度增加，菲尔希纳-隆尼（Filchner-Ronne）和罗斯冰架都将解体，南极冰川（比如跨南极山脉上的冰川）将径直流入大海。这会迅速加剧南极冰量损失的速度，全球海平面也会随之加速上升，同时，南极海冰（如果彼时还存在的话）也会受到影响。据估计，这些变化发生的周期并不会持续数个世纪之久，此外，派恩艾兰湾（Pine Island Bay）周围的冰架和东南极洲部分区域的冰架也可能解体，后者被认为具有潜在的不稳定性进而可能成为沿海冰川消退的"闸门"。[21]

至于那些决定了目前南极海冰扩张或撤退之局部变化的更直接影响，我们需要寻找低纬度海洋和大气甚至与北半球纬度区域以及北极之间的远程联系（teleconnections）才能确定。可供选择的联系机制有很多。斯克里普斯海洋学研究所的雷吉·彼得森（Reg Peterson）和沃伦·怀特（Warren White）[22]的建议是南极环极地海浪，这个南极环极地洋流处的海浪系统会缓慢向东流动（尽管与洋流相比仍然是向西流动），进而可能与赤道地区的厄尔尼诺-南方涛动（ENSO）系统相互作用。厄尔尼诺现象（圣婴洋流）是厄瓜多尔和秘鲁沿海 12 月下旬产生的强度可变的温暖大洋洋流，它有时候会导致灾难性天气，但现在整个南太平洋范围内的海风和洋流异常现象都被冠以此名。最近，相关的研究工作则关注南半球环状模式（SAM），[23]这是高纬度大气环流中的另一种复杂变化模式。一些人提出，[24]厄尔尼诺现象发生的年份会导致韦德尔海出现更多海冰，而太平洋海域的海冰则相应减少，拉尼娜气象年则与此相反（La Niña，它指的是南美洲西海岸海洋表面温度的降低现象，其发生周期为 4～12 年，影响范围包括太平洋及其他地区的天气模式；其表现与厄尔尼诺现象相反）；但就人们最近在太平洋中部发现的厄尔尼诺事件而言，其内部各种天气现象的联系十分复杂。[25]北极变暖和低纬度极端天气现象可能因急流的紊乱而产生大范围的远程纬度联系，[26]进一步，这种关联还可能与热带和南半球天气模式有关。

对南极和北极海冰不同表现的完整解释也必然建立在北极、南极海冰的根本差异之上。南极变暖的速度一定比北极慢，因为该区域面积更大的海域具备更高的热容量，而南极环极地洋流又将其与北部更暖的海域隔绝开来。南极海冰极限范围也与北极有所不同：夏季，海冰退回南极大陆，剩下大量的冰体就会蜿蜒地形成韦德尔海这样的海湾，而在冬季，海冰的范围则受热力学支配并取决于开放海域的环境。而北极的情况恰恰相反：其冬季的极限范围由周围的大陆决定，而在夏季，海冰会按照热力学和动力学条件撤退至海洋范围内。反射率反馈对南极的重要性也不及北极，因为南极最强日照（太阳辐射）出现的 12 月底也正是南极海冰几乎退至南极大陆的时候，而北极海冰在太阳辐射最大的时候（6 月）仍然要经历很长时间才能消退至其 9 月的最小值，因此辐射强迫容易发生变化。

关于变暖速度的最后一点则是，北极快速变暖本身产生的反馈会导致其进一步加速变暖。除了海冰反射率反馈之外，相关反馈还包括陆地雪线后撤造成的反射率反馈以及北极无冰大陆架释放的甲烷可能造成的十分严重的额外变暖效应。[27]雪线和甲烷反馈不可能发生在南极——因为该区域缺乏浅层大陆架和陆地积雪覆盖的固定区域。北极放大效应和更强的北极反馈意味着，无论南极海冰与温带海洋如何相互影响，未来几十年中的情况总是北极比南极更能决定全球变暖的速度。北极被认为是全球变暖竞赛的湮没之路上的老司机，南极则是被动的拖车。

第十三章

CHAPTER XIII

地球的状态

到目前为止，我们一直都在关注极地的环境变化，现在是时候将地球作为整体看待并考虑我们现在所处的状态了。

首先，温室气体浓度增长速度并未放缓。尽管政客们说了些空洞的好话，一些国家也在努力减少自己对化石燃料的依赖，但中国和印度经济在经济增长的过程中对燃料的压倒性渴求仍会不断推动二氧化碳浓度史无前例地增长。鉴于目前404ppm的二氧化碳浓度水平（2016年年初）已远远超过了可造成破坏性气候变化的程度，这一浓度持续加速上升而没有一丝下降的事实是非常令人痛心的。温室气体浓度甚至并未开始降低。我们应牢记，任何形式的二氧化碳带有潜在的辐射强迫。无论二氧化碳在过去是被海洋还是植物所吸收，但现在已被人们开采出来并排入了气候系统之中，它们现在或将来都可能释放辐射强迫进而让地球升温。正如我们在第九章所见，甲烷则更令人忧心。20世纪90年代后期，大气中甲烷水平比较平稳时，人们便放心地认为这是某些自然规律在起作用。但并非如此，甲烷浓度于2008年再度增长，目前已接近20世纪80年代的增长速度了。重要的是，甲烷浓度恢复增长与夏季海冰的大面积撤退同步，并且还与北极大陆架海底的变暖有关；北极近海发生的变化与全球甲烷水平之间的关联已越来越明确，这意味着未来的情况只会更糟糕。

其次，每一项行星指标看起来都是负面的。到2050年，地球人口将从目前的70亿增至97亿，[1] 2100年则为112亿。[2] 鉴于我们目前已经在经历的影响世界产粮区的大规模气候破坏，很难想象如此规模的人口应该如何养活。气候变暖正在减少撒哈拉以南非洲地区的耕地面积，而从理论上讲，极端天气事件也让我们无法提高高纬度地区的粮食产量。我们还正在破坏森林。我们也在耗尽水资源。而必须精耕细作、高耗能以养活如此规模人口的农业也对关键的工业原材料很敏感。例如，诺奖获得者保罗·克鲁岑就提醒人们注意磷日益短缺的状况，它是生产人造肥料的关键原料。联合国的2100年人口预测尤其令人担忧，因为各大洲的差异极大：多数大洲的人口增幅很大但仍能维持其生存，而欧洲人口则呈下降趋势。非洲人口数量则会翻两番，从1.1亿增至4.4亿。以下是相关数据：

表13.1. 各大洲目前和预计的人口数（单位：百万人）

	2015年	2100年
北美洲	358	500
南美洲	634	721
欧洲	738	646
亚洲	4393	4889
大洋洲	39	71
非洲	1186	4387

资料来源：联合国（2015年），《世界人口远景展望》，2015年修订。联合国人口司经济与社会事务部。

　　既然非洲现在都不能自给自足，尤其在全球变暖会扰乱粮食供应并导致土地荒漠化的情况下，它又养得活其目前四倍规模的人口吗？答案是否定的。世界其他地区将不得不养活非洲人口。鉴于世界其他地区可能陷于自己的问题而无暇他顾的情况，人们可以预见到彼时同情心和援助的缺位；结果，大规模的饥荒将无可避免。世界将对自己自私的证据作何反应？我为人性之恶的程度感到担忧，也对人类设法为自己无所作为寻找借口感到忧虑。

　　人口问题不仅是粮食问题之一种。每个人都是碳排放者，因此，人口越多，降低碳排放总量的问题就会越困难。人人都需要有人为其栽种所需的粮食，因此，我们亟需更多地植树造林以减少二氧化碳水平时却看到世界上大量森林遭到破坏。人人都要喝水，淡水资源却越来越少，以至于我们可能不得不更多地依赖海水淡化技术，但这本身也是能量密集的碳排放过程。人们难以否认这个等式：更多的人＝更多的碳排放。然而，我们似乎已经忘记了 20 世纪 70 年代全球系统分析师们（比如《增长的极限》[1972 年] 的作者们）关注的人口爆炸了。[3]这个问题并未消除，也尚未得到解决，除了中国一度激烈的解决方式以外。

　　经济上，世界摇摇欲坠的金融结构仍需要持续的增长以保持稳定，银行系统则越发明显地寄生在整个社会之上。在目前的资本主义制度内部（像包括中国在内的所有国家都在实践的那样），人们还无法容忍一个持续均衡的社会。众人皆知，每件事上的指数式增长都无法持续，其结果只能是灾难，但每个财政部长都设法鼓励经济增长进而让该国摆脱他自己或其前辈造成的财务困境，而从未想过将这种增长引导至可持续发展的轨道之上。

最悲伤之事则是社会上个体的冷漠。20 世纪 60 年代，西方的年轻人团结在一起——反对种族主义和越战——这表明他们真的关心世界的境况。而在目前这种风险更高、需求更急迫的时候，他们却消极被动了。所有年龄段的选民、公司和政府机构都对建设可持续发展的地球缺乏兴趣，而仅关注其自身的财富和安宁。只要我们能消费奢侈品、开车出行，并在未来几年内还可以飞到假日海滩消遣，我们就很愿意对未来确凿无疑的灾难、贫困、战争、犯罪以及最终的食物和资源枯竭熟视无睹，所有这些都与迅速变化的气候系统造成的压力相关。年轻人充耳不闻也不奋起行动，老人也不予以引导或教导。

如果我们咨询米考伯（Micawber）先生①，他会说，有些事情最后总能把我们从自己的烂摊子中拯救出来。但那会是什么事呢？以下是一些不太可能的情况：

- 上帝可能会决心第二次降临（这是部分美国人严肃支持但与气候变化毫无关系的理由）。
- 不明飞行物可能为真，它们自 1947 年以来对我们的持续兴趣意味着它们可能为了我们的利益而接管地球。
- 人们发明了可提供无限清洁能源的神奇设备。这可能

---

① 狄更斯《大卫·科波菲尔》中的不切实际之人。——译注

基于新的物理学，比如冷融合或已被认可的物理学，比如一个可行的热融合系统，人们总认为这在 20 年后就会实现。

相反：

- 我们可能会被一个巨大的小行星击中，所有生命随之消失。
- 遥远非洲的森林区域可能滋生横扫地球的新病毒，进而消灭所有或大部分人类。
- 我们可能陷入大规模的核战争。

在我看来，等待某事发生的策略可能产生不好的结果。因此，我们只能靠自己的双手和行动自救。

我们能做什么？

减排

环保机构在过去甚至现在都强调，我们作为个体可以减少自身的碳排放来缓解气候变化。比如，我们可以回收自己的垃圾，开更小的车，多吃蔬菜少吃肉等。所有这些补救措施以及逐渐培养的全球公民美德感，都被认为是与我们自己的欲求相抵触的地球村的需要。但如果英国所有人都将一切可能的节能措施应用于正常的生活，那么，能源使用会减少约 20%（正如已有的尝试那样）。这的确有用，但正如英国政府能源与气候首席顾问、教授戴维·麦凯爵士（Sir David MacKay）曾说的那样，"如果每个人都做一点贡献，我们能达到的成就也只是一星半点。"[4]

毫无疑问，为了超越这一点成就，我们必须在能源生产方面做出政治决定，这意味着政府必须表现出政治勇气。当我们考虑联合国气候变化框架公约（UNFCCC）的商议历史时，会发现早期《京都议定书》（1997年）的乐观情绪在哥本哈根（2009年）和德班（2011年）会议中遭遇了严重失败。可悲的是，典型的政客对气候变化危机的第一反应只是引用限于本世纪甚至更低的预测，并假设一旦气候变化专门委员会的预测图超过了2100年的限度，气候变化就会停止。英国本国的前环境、粮食和农村事务大臣欧文·帕特森（Owen Paterson）就在2013年9月29日很自满地这样说道：

> 我认为，这份最新报告的安慰人心之处在于，温室气体浓度的上升十分适度。报告中预计的一半已经发生。他们谈到1~2.5℃的升温幅度。[5]

首先，"他们"当然并非气候变化专门委员会，而是指明显依靠一己之见从事无知报道的报纸。1~2.5℃的升温幅度实际上是到2050年的预测值。"报告预计的一半已经发生了"表明，他认为气候变化会在气候变化专门委员会预测结束时停止而不会继续下去。当然，"安慰"一词则是真正的赠品；毫无疑问，他觉得自己不采取任何行动就能侥幸得脱。

典型的政客的第二个反应则是，我们可以在未来一段时间内减少碳排放（通常是"到2032年减少30%"或类似的数字），进而防止气候变化的失控。这让目前当政的政客干净地撇清了自己与此事的关系。但事实并非如此。一开始，已经排入大气中的二氧化碳具有飞轮效应——二氧化碳分子在气候系统中存在的时间超过百年，而整个世界还处在已有二氧化碳的潜在变暖的实现过程之中（可能其潜能仅"实现"了一半）。因此，降低我们未来的碳排放远不如降低目前的碳排放有用，而降低目前的碳排放则不及实际降低碳水平有用。最有用的事情则是通过碳捕获、储存或其他有待发明的技术切实地降低大气中的二氧化碳含量以及通过完全使用核电的方式停止排放二氧化碳，但大众的观念又让这无法实现；或者使用技术手段阻断变暖进程，即通过地质工程为地球打上补丁，这能为我们争取一点时间。此外别无办法能救我们于严重的后果之中，尽管二氧化碳的减排仍属绝对必须。在这种情况下，所谓的"绿色"环保组织（比如绿色和平组织和世界自然基金会）反对核能和地球工程的行为则对人类毫无益处。

　　碳的棘轮效应与人口的棘轮效应十分类似。非常粗浅地说，间冰期大气中二氧化碳的"自然"水平为280ppm，而现在的水平为404ppm，人类燃烧化石燃料的行为使其浓度增加超过了120ppm。假设我们突然完全停止排放二氧化碳。二氧化碳浓度水平会以多快的速度降低？因为加入到地球能源系统中的二氧化碳至少会存在100年，我们可能会期待每年最多有1%的二氧化碳从这一系统中逃逸，因此，二氧化碳水平在其停止排放的第一年仅会降低1.2ppm。而降至大多数科学家认为"安全"的350ppm则需要45年时间。类似地，世界人口规模若保持在 70 亿的水平，且平均寿命为 70 年，若人类完全停止繁衍，人口规模将由于自然衰退而在 10 年内减少至 60 亿。因此，如果气候变化导致粮食生产危机进而降低了我们养活 10 亿人口的能力，那么，仅凭生育控制我们还无法很快适应粮食生产的这种新的低水平状况——大自然就会给我们造成大规模的饥荒。

如果我们继续按照目前的道路前进，最终，地球上所有的碳氢化合物都会被提取并用于燃烧，所以，我们必须割舍自己对石油的热爱。但到时候，全球变暖的极端程度会让生活难以忍受，如果不是过不下去的话。我们需要一个新的曼哈顿计划来清理我们的大气，这需要全世界人民史无前例的努力才行，因为我们大家同呼吸，共命运。如果没有这种程度的努力，气候变化的影响在未来很短的时间内将变得十分明显——20 到 30 年内，世界会变成比现在糟糕许多的迥异世界。人类永远不会再经历 2007 年经济危机结束的时代了。人们需要考虑自己的未来，并努力生活在挪威或加拿大等人口较少、资源丰富的寒冷国家。这会导致严重的问题：现在是否太晚，以至于我们无法以减少或停止碳排放的方式保护自己的地球，因为我们已放任机会溜走而无法及时展开行动以及我们生活在一个高水平碳排放"内置"其中的社会里，我们到底能做什么？仅有两种可能性：使用技术手段来降低变暖的速度，同时允许二氧化碳水平持续增加；或者发展更先进的技术手段切实地将二氧化碳排出大气。

皇家学会在其 2009 年的"地球工程报告"[6]中界定了这两

种方法：

——太阳辐射管理法（SRM）试图让地球吸收更少的辐射以抵消温室气体浓度增加的影响。

——二氧化碳清除法（CDR）则通过从大气中除去温室气体来应对气候变化的根源。

让我们先考察太阳辐射管理，"补丁"法即在持续排放二氧化碳的时候找到办法降低地球变暖的速度。这些办法通常被归类为地球工程。

地球工程

寻找气候危机的永久性解决方案需要技术人员的技能才能让我们获得宝贵的时间，人类服务领域从未如此迫切地需要他们的才能。地球工程包括一系列人为降低地面空气温度的技术，无论是直接挡住太阳光线还是增加行星的反射率以改变辐射平衡。对北极而言，太阳辐射管理和二氧化碳清除的目标必须是恢复我们已经失去的海冰，进而阻止离岸永久冻土的损失，并减少甲烷大规模释放的可能。为了达到这一目的，我们不仅需要减缓变暖的速度，而且要扭转这一趋势。让我们继续考察人们对此提出的不同想法以及它们可能达到的效果和政治上面临的困难。

太阳辐射管理就是快速"打补丁"，它能以适中的成本快速实施。这种方法并不影响二氧化碳水平，因此像海洋酸化等主要取决于二氧化碳浓度而非温度高低的现象则会继续快速发展，它会造成珊瑚礁漂白、贝类生存困难等严重后果，事实上整个海洋生态系统也会受到严重影响。因此太阳辐射管理法并不会降低二氧化碳排放水平从而让我们摆脱困境。

目前，人们提出了两种主要的太阳辐射管理办法。1990年，曼彻斯特大学的约翰·莱瑟姆（John Latham）提议向低空云层注入非常精细的水粒子喷雾进而将其"增白"。[7]这样可以增加云层的反射率，并让它们反射更多的太阳辐射。爱丁堡大学的杰出海洋工程师斯蒂芬·索尔特（Stephen Salter）设计了相应的注射系统。[8]其他人则提议用高空气球或喷气式飞机向云层注射固体颗粒，这样做会形成反射入射辐射的气溶胶。

海洋云层增亮（MCB）则涉及增加较薄较低云层（即覆盖了世界海洋表面1/4范围的层积云）顶部反射回太空的阳光总量并由此产生冷却效果。如果我们能将反射率提高3%，估计相应的冷却作用就会抵消大气中增加的二氧化碳导致的全球变暖效应。我们需要将海水滴液喷洒到云中才能做到这一点。索尔特设想出一种新型喷雾滴液的生产计划，而且还设计了一个无人驾驶的风力驱动船，后者可被远程引导至种云作业（cloud seeding）最有利的地方（彩色插图30）。这种船只可使用更有效的动力技术——弗莱特纳转子（Flettner rotors）。这些安装在甲板上的转动的垂直圆柱体是根据其德国发明者安东·弗莱特纳（Anton Flettner）而命名，它会利用马格努斯效应（Magnus effect），由此，旋转的垂直圆柱体在其两侧之间会形成压力差进而形成一个与风向成直角的力。福莱特纳转子在20世纪20年代被用于船舶，今天它又作为减少海上燃油消耗的方法而被重新使用。转筒风力船装有从顶部喷洒海水水滴到云底的喷洒系统。喷洒和通信所需的电力则来由船体内置的洋流涡轮产生。喷洒系统设计的关键是能产生直径为微米（百万分之一米）的颗粒的精细喷嘴，如此，水滴蒸发到大气中时就会产生直径合适的微小盐粒（一纳米左右）进而增亮云层。这一过程利用了所谓的图米效应（Twomey effect），即大量微小颗粒组成的云层比较大微粒组成的同质量云层明亮。船只上已经观察到了这种效应，高空可见与明亮云层的凝迹同样的云层（彩色插图 31）。全世界总共需要几百艘这样的船才能实现这个目标，其总体成本虽然很高，但与全球变暖给地球造成的巨大损失相比却很少——前者一年耗费几十亿美元，后者为上万亿美元。该计划的一个优势是它的生态友好性，其唯一需要的原材料是海水。卫星测量和计算机模型可以控制冷却量，人们在出现紧急情况的时候可关闭系统，数天之内又可恢复正常。

云层增亮系统运行之前，人们需要做许多工作。我们必须完善相关技术，并在一定区域内进行试验以比较我们播种的云层和临近非播种云层的反射率差异。我们还要进行详细的分析以确定是否可能存在严重或有害的气象或气候影响（比如局部缺水地区降水量减少等），如果的确如此，我们必须找到解决办法。一个问题是，我们必须在世界范围内喷洒以实现全球影响，或者，如果特别想达到某种局部效果，我们是否可在特定地点或一年中的特定时间段从事喷洒作业？冷却北极这种急迫的问题也在考虑之列。如果夏季北极大陆架上开阔水域导致了海底永久冻土的升温以及潜在的甲烷释放灾难，那么，我们能够恢复夏季海冰而不必冷却整个地球，进而避免这些灾难吗？

2014 年，约翰·莱瑟姆及其同事解决了这类区域性问题。[9]我们发现的确有可能集中冷却北极从而增加海冰范围，特别是波弗特海和楚科奇海中的海冰范围，尽管可能会出现补偿问题，比如撒哈拉以南非洲地区降雨量的减少等。显然，人们对此持审慎乐观的态度。在一项较早的研究中，人们估计喷洒全球海洋云层的 70% 就能消除二氧化碳倍增导致的变暖效应，同时还能让海冰停止减少。[10]云层增亮基本上减少了海面的辐射，因此，如果针对具体区域，它也能有助于降低飓风的强度（这依赖于海面温度）和珊瑚礁的白化率（这取决于水温和海洋酸度）。最后，南极海冰也可能受到影响：2014 年的研究表明，全球种云会增加南极海冰面积，同时还能从源头上冷却目前可能导致思韦茨冰川和派恩艾兰冰川坍塌的底层洋流，这种情况的突然发生则可能导致全球海平面升高 3 米的灾难性后果。[11]因此，海洋云层增亮不仅能缓解全球变暖进程，而且也能缓解局部威胁，特别是极地地区面临的威胁。

斯蒂芬·索尔特制定的发展计划估计，全面有效运营云层增亮系统将耗资 7300 万英镑研发费用，这对常规科学预算算是很大一笔钱了，但对紧迫的全球需求而言却是小意思。如果英国认真面对全球变化，这将是它能执其牛耳的领域。

气溶胶注射（Aerosol injection）则是人们提出的又一个大规模地球工程方法。[12]英国政府近期资助的名为平流层微粒注入气候工程（SPICE）的项目就研究了这种方法的一些影响，尽管这项资助实际上在科学家们做出相关系统之前就撤销了。这个想法就是将大量微粒子气溶胶注射在高空平流层中，以便它们能直接将太阳光反射回太空。注射过程必须是连续的，因为气溶胶会逐渐脱离高空大气层。

人们最初是想通过释放所谓的前导气体二氧化硫（SO_2）或者直接释放硫酸（H_2SO_4）的方式在平流层产生硫酸盐气溶胶云层。如果二氧化硫被释放出去，它就会在上层大气中氧化并溶于水中，然后在远离释放点的雨水中形成硫酸。这种办法并不能控制形成微粒的大小，但相关气体的释放却很容易。如果直接释放硫酸，则气溶胶微粒会很快形成，原则上我们可以控制微粒大小以优化气候效应。如果将气溶胶注入较低的平流层，则它保持在空中的时间仅为数周或数月，因为相应区域的空气主要向下沉，所以为了确保更长的使用寿命，我们需要向高空输送气溶胶。

如何才能做到这一点？人们建议的输送系统包括炮弹、高空飞机或高空气球，它们要么是来自地上装有前导气体（precursor gas）的垂直管道，要么自由上升直到爆炸。最便宜的输送系统似乎是现有的空中加油机，比如美国的 KC – 135 或者 KC – 10 军用空中加油机，仅仅 9 架较大的 KC – 10 飞机每天飞行 3 次，每年就能运输 100 万吨二氧化硫。16 英寸炮弹的成本与此相仿，大量填充有硫化氢（H_2S，另一种可能的前导气体）的小气球也会被注入氢气以产生浮力，这些气球在到达平流层时会发生爆炸；每年需要 3.7 万个商业气球。这些输送系统比海洋云层增亮办法更简单，但它涉及的数量很大，化学品也必须悬浮在高空大气中。

我们知道，高空微粒确实会影响气候——例如，1991 年皮纳图博火山（Mount Pinatubo）的爆发就在之后的三年内造成了全球范围内明显的降温现象。根据这一想法的早期支持者保罗·克鲁岑的说法，每年250～500亿美元的代价就能完全抵消人类增排的二氧化碳造成的影响。[13]然而，人们已经确定了许多潜在的问题。降雨量会减少，这可能对亚洲和非洲的季风造成严重影响；臭氧破坏的速度可能加快，这会导致臭氧层空洞的再度增长；人们难以预计降温过程在全球范围内的分布情况，因此，一些国家温度下降可能不及别的国家，有的则会更加温暖等等。这一切过后，将大量不可否认有毒的化学物质注入高空大气的行为还是会令人不安；两相比较，海洋云层增亮法喷洒的海水微粒听起来真的不错。无论如何，罗格斯大学一位名叫阿兰·罗伯克（Alan Robock）的溶胶注射法的坚决反对者最近改变了他的观点；他于2016年参与撰写的一篇论文显示，[14]气溶胶云不仅可以减少到达地面的直接辐射，而且还会增强散射辐射，这一过程与冷却过程结合就会提高植物光合作用的速率。植物生长的加速本身也会减少大气中的二氧化碳水平，这是个意想不到的额外好处。

人们也提出了一些其他的地球工程技术。一个是空间反射器，它是轨道上很大的镜子或镜子系统，用以将大量的太阳光反射回太空。然而，除了巨大的成本，尚无人提出可在轨道上组装这种装置的可行计划。

碳捕获技术

我已经解释了为何碳排放不太可能降低，至少不会很快降低，但如果碳排放降低得太慢，大气中留下的过量二氧化碳仍会在未来持续推动全球变暖。地球工程可以抵消二氧化碳和甲烷对大气的影响，但代价则是任由二氧化碳继续酸化海水，这最终可能会摧毁我们的海洋生态系统（并因此摧毁全球生态系统，因为海洋占据地球表面积的72%）。我的悲观结论是，到最后（这个最后可能很快到来），如果我们打算战胜全球变暖并拯救文明，就必须找到将二氧化碳从我们的行星系统中排出的办法。我们该怎么做呢？

首先，我们必须严肃对待整个问题。事实上，这是当前世界面临的最严峻问题——我们能否从气候变化的失控边缘拯救自身，并为人类保存持续生存的基础？还是我们必须与加速发生的气候变化进行毫无希望的斗争，到头来地球的大部分地区都不再宜居？气候变化专门委员会在这方面的失败一直都最为可耻。在其2013年的第五次评估报告中，气候变化专门委员会认识到代表浓度路径2.6对于宜居气候而言是唯一可行的方案。我已经表达过自己的疑虑，"代表浓度路径"对辐射强迫的处理掩盖了避免灾难性气候变化所需的实际条件（见第七章）。但结果却很悖谬，气候变化专门委员会只是一笔带过地谈到：拯救我们自己的唯一方式就是按照代表浓度路径2.6行事，达到这一目标的唯一方式就是切实地清除大气中的二氧化碳，因为我们很快就会达到"可接受"的气候变暖极限下二氧化碳的浓度值（421ppm）。十年之内，我们一定会不知不觉地越过这一界限，二氧化碳浓度上升的速度是如此之快，以至于此后我们唯一的希望便是将它切实地从大气中清除出去。气候变化专门委员会知道这一点，但却忽略了我们应该如何清除二氧化碳的问题。清除二氧化碳的进一步重要步骤便是这种办法的大规模应用对生态系统和生物多样性的影响。在我们开始尝试大规模清除二氧化碳之前，国际社会必须研究这一问题；气候变化专门委员会再次忽略了这个问题。

最近，两种可能的技术被认为很有前景。[15]它们就是具备碳捕获和碳储存功能的生物能源技术（BECCS）和植树造林技术。碳捕获和储存技术涉及的事项包括：种植草木等生物能作物；在发电站燃烧它们；从所得的废气中提取二氧化碳；将这些气体压缩成液体并储存在地下。造林（植树）也依赖光合作用去除大气中的二氧化碳；而储存环节则在木材和土壤中自然而然地发生。如果我们试图将全球温度上升限制在 2℃ 以内，则需要在本世纪末之前清除 6000 亿吨二氧化碳。若使用碳捕获和储存生物能源技术，我们则需要在 4.3 亿～5.8 亿公顷土地上专门种植那些能清除二氧化碳的作物——这一面积约占目前全球耕地面积的 1/3，或相当于美国国土面积的一半。这显然行不通，除非我们能将农业生产力显著提升至超过迅速增长的全球人口之所需的程度。我们更需要这些耕地养活人口（无论如何，北极气候变化造成的极端天气影响的加重会让这些土地的生产力降低）。碳捕获和储存生物能技术则必须使用原始森林和天然草地，我们同样无法腾出这些地皮，因为植树造林本身就是去除二氧化碳的可能办法之一。这些野生地区还包含着大量受威胁陆生物种的最后据点，这种做法的损失对继续维持地球生态系统而言可能是灾难性的。另一个根本问题则是，清除大气中二氧化碳的碳捕获和碳储存技术是否会像人们最初设想的那般有效。如此大规模地种植作物释放的温室气体可能超过了它们的清除总量，至少一开始的土地清理、土壤物理干扰（soil disturbance）以及肥料用量的增加等会带来这样的结果。考虑到这些影响，2100年以前碳捕获和碳储存生物能技术能清除的二氧化碳（按照代表浓度路径2.6的情景计算）最大值则为3910亿吨，这离保持2℃以内的升温幅度所需的清除总量还差了34%。如果人们对种植生物能作物的土地来源并没有乐观的估计，2100年之前的碳捕获净值则会降至1350亿吨。因此，碳捕获和碳储存生物能技术看起来无法单独胜任这个任务。除此之外，我们还可在变化的气候中种植生物能作物：这些作物在更暖的世界中的水量需求又是多少？如果人口过剩真的导致农田竞争，这些生物能作物又如何与粮食生产竞争？以及（与其他技术的情况一样）我们如何捕获又在何处储存二氧化碳？

听起来，植树造林是将二氧化碳排出大气的温和手段，因为我们不必在任何地方处理这些二氧化碳。人人都认为森林覆盖面积的增加是环保的——即便同时我们还为了获取木材、种植大豆或养牛而忙着砍伐亚马逊和东南亚的森林。当全部的压力都指向森林损失的时候，我们又如何种植更多的森林？如果我们用人工管理的单种森林代替自然森林，植树造林也可能损害自然生态系统。对那些在全球生态系统的保存或树皮甲虫这样的严重害虫的防治方面十分关键的森林物种而言，我们的恰当研究才刚刚起步。[16]三分之一的新药物开发自森林植物。人工管理的森林的种植面积会以蒸发和植物蒸腾等方式导致云层、反射率和土壤水平衡的复杂变化。北方的针叶林则会发生不好的变化。林木线会因全球变暖而北移，人们可能会认为这是好事，不好的情况则是常年覆盖树叶的区域（满是树枝或常绿针叶林）在雪季会比平整的草原或冻土地带颜色更深，从而降低了整体反射率并带来了净升温效应。植树造林的系统性利用包括砍伐长至一定生长阶段的树木（和储存木材），然后重新种植；如果火灾、干旱、有害生物或疾病的增加导致树木在收获前就死亡或倒下，这项工作就没有作用。

人们还提出了很多清除二氧化碳的生物学、地球化学和化学方法。对所有这些方案而言，建模的理论潜力能给出完全不同于将环境影响（更不用说实践性、治理和可接受性等）也纳入考虑的图景。一个恰当的例子是人们对海洋肥化（ocean fertilization，这是另外一项二氧化碳清除技术）进行讨论、研究和决策制定的长期过程。当粉尘的输入与海洋、海洋生产力以及气候条件等自然变化之间的联系被首次明确以后，人们就很期待海洋肥化可能作为避免人为全球变暖的手段之一的效力抱有很高的期待。20 世纪 90 年代，研究人员推测，海水中每加入一吨铁粉，数万吨碳（以及之后形成的二氧化碳）就会因为随后浮游植物的爆发而被固定。多年以来的 14 次小规模实地实验已经调低了这一估值，人们还认识到，这些浮游植物吸收的绝大多数二氧化碳（无论它们是因向海水中增加铁粉或其他营养物，或者以机械手段增强上升流的方式而让浮游植物受刺激而吸收二氧化碳）都会在它们分解时重新释放到大气中。此外，一个地区（比如南冰洋）浮游植物的大幅增加可能会消耗别的营养物质或增加海水的脱氧可能性从而降低其他地区的渔业产量。像"生物多样性公约"（CBD）等机构几乎一致拒绝将海洋肥化作为气候干预的手段。

最近，人们还提出了其他基于海洋的二氧化碳清除技术，例如培养海藻并让其覆盖全球9%的海洋面积。这种办法的具体环境影响尚未得到评估。然而，这显然会影响并可能替代具有较高经济价值的现存海洋生态系统，浅水区尤其如此。

回到陆地，其他技术包括提高土壤中的碳含量等，例如在秸秆等有机物中耕种，减少耕作（限制土壤物理干扰）或添加生物炭。生物炭本身的历史就很有趣，因为一群热心支持者努力劝导全世界说这是全球变暖的解决方案。作物残余或农业废物可被高温分解过程消解掉，这一过程会产生液体并留下类似木炭的海绵状物质，据称，它们可添加到土壤之中并为其带来特殊性质。但这些人从未合理地解释这一过程是如何处理二氧化碳的。一些热心者的另一个想法则是增强风化作用，这一过程涉及某些硅酸盐岩石，特别是橄榄石从大气中吸收二氧化碳的过程。这些材料必须被碾碎以形成尽可能多的表面积，因此，这就需要在沙滩以及别的东西表面将这些材料铺开成细白沙状。随后，缓慢发生的化学反应会确保这些材料吸收二氧化碳并释放氧气。正如热心的人们所说，这的确是早期地球最初从岩石中释放氧气的化学过程。然而，为了将大气中的二氧化碳含量从目前的400ppm减少50个单位至350ppm，我们每年需要在20~69亿公顷土地上（这相当于地球陆地面积的15%~45%）按照1~5千克每平方米标准使用硅酸盐岩石，主要还应在热带地区使用。开采和加工的岩石数量将超过目前世界范围内的煤炭产量，总成本远超地球工程技术，估计在 60 万亿到 6000 万亿美元之间。像地球工程一样，这种方法也必须具有持续性，因为一旦化学反应结束，这些岩石就不再有用而必须覆盖上新的岩石层。显然这件事整个都不可行。然而，更多地掌握生物碳储存技术的持久性及其大规模使用时可能产生的环境影响仍然很重要，因此，大规模研究仍属必须。

因此，所有这些方法都有严重（如果不致命的话）缺陷。我们未讨论的则是尚未发明的空中直接捕碳（DAC）技术，这应该是与曼哈顿计划类似的研究计划的主题。空中直接捕碳法就是通过某种系统抽取空气进而除去二氧化碳并将其液化存储，或者用化学的方法将其转化为其他物质，希望得到的是有用的东西。当我谈到"尚未发明的"东西时，我指的是尚未发明的便宜系统。空中直接捕碳系统原则上可让空气通过含有氢氧基团或碳酸盐基团的阴离子交换树脂的方式进行，这种树脂干燥的时候会吸收二氧化碳，潮湿的时候就会将其释放。接着，吸收的二氧化碳就会被压缩并以液体的形式储存，然后经碳捕获和储存技术放置在地下。空中直接捕碳系统的运营成本与增强风化的估值类似，目前大约超过了每吨碳 100 美元，尽管最近的技术突破承诺每吨碳成本可降为 40 美元。这种碳捕获方式也需要土地和水源，它与碳捕获和存储生物能技术一样面临二氧化碳从地质储层中泄漏的风险。但人们可通过将液体二氧化碳储存在海底或使用地球化学转换的方法（这涉及二氧化碳和某些岩石的原位反应）将这种风险降到最低。理论上，将二氧化碳物理冷却（而非化学方式）至液态的办法也可用于去除环境大气中的二氧化碳。这种方法的技术可行性、成本和潜在的环境影响等问题——这可能涉及在南极洲或格陵兰的高原上种植植物——还尚待考察。基于上述推理，我自己的想法则是空中直接捕碳法是让世界长期保持现状的仅存办法，如果以战时曼哈顿计划的规模对此进行严肃研究，我们应该能够让其成本像近年的太阳能光伏技术一样大幅下降。

　　人们对地球工程或碳消除技术的一个有效批评是，它极少或压根没有鼓励我们做出行动减少二氧化碳的排放水平，并且我们的迫切行动应该专注于减排而非某种未经检验的"先排放，后清理"策略。但很不幸，全球人民（尤其是西方人）极不愿意放弃生活在化石燃料世界中的舒适和便利。我们最终会选择放弃，因为必须这么做。但我们并不理解为何应该立即放弃。再坐一次瑞安航空公司的飞机，用运动型多功能汽车（SUV）送小孩上学不是很好吗？但即便立刻大幅度地努力减排，我们也需要在 2020 年就开始启动重要的地球工程和二氧化碳消除作业，如此，我们才能在 2100 年以前最多消除 200亿吨二氧化碳进而让全球温度增幅保持在 2℃ 以内。为了回答下一个问题，我们需要知道这一切是否可行。

2015 年的《巴黎协定》能否拯救我们？

　　2015 年 12 月，联合国气候变化框架公约的 195 个缔约方在巴黎举办的第 21 次会议（COP21）上达成了一项历史性协议。缔约各方同意在 2050 年至 2100 年的某个时间段内实现温室气体浓度的稳定。这一承诺（各国于 2016 年 4 月签署）旨在将全球平均气温增幅控制在（与前工业化时期的水平相比）"远低于 2℃"范围内——最好是 1.5℃。各方平衡后的温室气体预估值（budget）要求工业和农业实现零排放或者必须积极消除大气中的温室气体（除了深入、迅速减排以外）。在多数限制升温 2℃ 以内的模拟场景中，人们每年需要消除数十亿吨二氧化碳并将其安全储存。而对更为雄心勃勃的目标而言，每年清除的二氧化碳量必须达到数百亿吨。因此，《巴黎协定》的目标与我们本章的讨论息息相关。

协定的条款可概括如下。各缔约国政府同意：

- 与前工业化时期相比，长期目标是将全球平均气温增幅控制在远低于 2℃ 范围内；
- 旨在将升温幅度控制在 1.5℃，因为这将显著降低气候变化的风险和影响；
- 在要求全球排放量尽快达到峰值方面，认识到发展中国家需要更长时间；
- 随后根据现有最佳科学证据进行快速减排行动。

巴黎会议之前和期间，各国还提交了"国家自主贡献目标"（INDCs）。这是单个国家减排的国家承诺。这还不足以让全球平均气温增幅保持在 2℃ 范围以内，但《巴黎协定》为跟进这一目标提供了一条途径，因为各国政府同意：

● 每隔 5 年就根据科学研究的要求重新设定更为雄心勃勃的目标；

● 向各方和公众报告自己在目标的实施方面做得如何；

● 加强透明度和问责机制，跟踪长远目标的进展；

● 加强社会应对气候变化影响的能力；

● 为发展中国家适应局面提供持续和强化的国际支持，目标是到 2025 年以前每年达到 1000 亿美元。

协定还

● 认识到避免、尽量减轻和处理与气候变化不利影响相关的损失和损害的重要性；

● 认识到为加强理解、行动和支持而开展合作和提供便利的领域包括以下方面：早期预警系统、应急准备和风险保险等。

这些条款是什么意思？其中的积极方面很清楚。这是第一个真正的全球气候协定。它将美国重新带回到减排进程之中①，而且还让印度、中国等温室气体排放大国参与其中。该协定改变了气候变化的"故事情节"，而非像以前的哥本哈根和德班会议进程那般针锋相对和进程曲折，各国在这两次会议上仅愿意作出最低限度的努力或压根不采取行动，现在各方都

① 美国总统特朗普已于 2017 年 6 月 1 日在华盛顿宣布将退出该协定。——译注

很热衷并真诚地致力于一致的关键目标。这是真正的国际合作，而不仅仅是各方互动。因此，根据以往的情况，该协定在很多方面意味着外交和政治的胜利，这一点毋庸置疑。

但《巴黎协定》能否拯救我们？我们来看看协定中并未规定的事项。首先，协定的规定与通往安全气候的途径的要求并不一致。协定的目标是让升温幅度保持在 2℃ 以内，但迄今为止，各国提出的国家自主贡献目标即便完全实现也至少会让气温上升 2.7℃。除了大规模应用地球工程和碳清除技术，我们并没有别的可能让升温幅度保持在 1.5℃ 左右，仅对各国的碳排放进行规定的《巴黎协定》并未提到这一点。该协定也并未提到航空业这个全球变暖的主要因素。该协定没有立即行动的计划表，也并未设定达到碳平衡的具体日期（除了 "2050 年到 2100 年之间" 这种极其模糊的日期以外），因为更晚的日期意味着我们会在很高水平上实现碳平衡。简而言之，该协定发挥作用的条件非常依赖各国的善意和真诚，尽管对会议的检讨会有所帮助。从根本上讲，气候问题是一个 "存量–流量" 问题：温度的上升与碳排放随时间的累积（存量）密切相关，但我们只能控制今后的碳排放或者碳清除速度（流量）。我们的星球已经积累了大量温室气体，为了稳定或减少大气中的温室气体浓度，目前的排放量必须降低至少 90%，这要求实施减排技术。

因此，《巴黎协定》是个巨大的进步，但也只进了一步。它为我们设定了一致的目标，但并未昭告世人如何实现它。我认为，稳定碳排放的目标实际上只能通过地球工程和碳捕获技术等干预措施实现，如果全世界仅仅试图通过减排这种手段将升温幅度限制在 1.5～2℃以内，随之而来的则是难堪的失败。目前是时候专注引入这些新技术了，以免各方因减排失败而争吵进而造成协定破裂的局面。《巴黎协定》其实是 10 年或 20 年以前就应该迈出的一步，我们早应该真正推进应对气候变化的严肃事业了。

第十四章
CHAPTER XIV

行动起来

2015 年的一项发现表明，地球对温室气体的长期气候敏感性非常高，这对人类在面临目前的危机时明确什么应该是自己的优先事项而言至关重要。[1]这个发现显示，大气中现有的二氧化碳水平足以在未来造成不可接受的变暖程度。我们不再有自己开始担心造成巨大气候变化之前继续排放的"碳预算"了。我们用尽了这种预算，而且目前也造成了环境的变化。因此，减少碳排放还远远不够。人们在 20 或 30 年前首次认识到全球变暖的严重威胁后，国际社会如果为减少化石燃料的使用而进行真诚且协调一致的努力，并转而采用包括核能在内的可再生能源便可能让地球在不那么危险的高温环境下实现全球变暖的软着陆。但是，政府和人民都过于短视、无知和贪婪而无法作出必要的改变。而像中国和印度加速使用化石燃料（尤其是煤炭）则更让人感到无望。现在已为时过晚。大气中的二氧化碳含量已经很高，当其升温潜能在未来几十年内逐渐显现之后，最终的温度升幅将带来灾难性后果。

为了避免这样的命运，我们不仅要实现零排放，还应切实地从大气中消除二氧化碳。只有这样，我们才能避免可怕的后果。但正如我在上一章所述，这几乎不可能。人们目前建议和发展的技术都很昂贵，每吨碳的清除成本约为 100 美元，然而我们每年必须清除的碳量超出了我们的排量（350 亿吨）。世界需要一个庞大而紧迫的研究项目来开发廉价的办法；人们已经提出了成本为每吨碳 40 美元的经过改进的催化方法。在鼓励化石燃料使用而建立基础设施的世界中，降低消除碳技术的成本比起要求人们立即停止碳排放而言在心理上也是更合适的做法。这在美国尤其如此，发展新技术去除大气中的碳的重大项目对于欣赏肯干精神的美国人而言也是一项挑战。

在开发和实施这些技术的同时，我们还需要通过地球工程为地球打上补丁。我完全清楚，地球工程与全球变暖的成因之间并无联系，也不会缓解二氧化碳造成的海洋酸化影响，它还可能产生副作用和意想不到的地区影响，并且还需要长期使用。但如果缺了它，气温上升和相关的进一步反馈都会太大而让我们的文明陷于停滞。

我们愚蠢的发展和对技术的滥用已经摧毁了地球的生命保障系统。现在，我们必须认真发展地球工程和碳清除技术来自我救赎。这是人类现在可以参与的最严肃最重要的活动，我们必须立即行动起来。

改进科学

让我们暂时把目光从全球范围拉回到北极，看看应该如何改进科学，特别是将经济学引入到物理学之中。北极变暖成本的全局性特征清楚地表明，包括北方遥远国家在内的所有国家都应该关注北极地区发生的变化。在计算北极大陆架甲烷泄漏的成本时，我们还对其众多环境影响进行了考察。我们必须做更多的工作来确定其他北极反馈的经济后果，并明确它们对哪些地方影响最大。北极环境变化造成的全部金融影响可能会大大超出我们最初对甲烷泄漏的估计，后者本身就已经很高了。

首先，我们需要能够更好地整合北极物理变化及其在时间和空间上的经济影响，这种影响尚未被佩吉模型明确地处理。相应的模型应在北极冰面面积和北极平均温度的增幅、全球海平面上升和海洋酸化之间建立联系。这些模型还应该包括目前的佩吉版本并未具体处理的各种反馈机制，比如炭黑沉积物和苔原永久冻土融化的影响。它们还应该把北极冰面面积和北极平均温度的上升联系起来，然后将经济影响（比如增加的航运或全球海平面的上升）与北极冰面面积联系起来。这种北极环境变化的经济成本综合模型应将全球影响数据分配到各国和各工业部门之中。这能帮助我们深入认识较小的岛国和纽约这样的沿海城市等特定地区的具体风险。目前的分析并不包含这些反馈链，但未来可将它们纳入其中。

其次，这样的综合分析（以及承担这些风险的人们）需要加入到全球经济讨论之中。例如，世界经济论坛（WEF）于2012年秋季组建了新的北极全球议程委员会，该委员会指出，世界领导人需要进行非正式对话并认识到北极潜在经济价值（从航运到采矿等领域[2]）以及生态脆弱性方面日益重要的战略地位。然而在2014年达沃斯会议的一场电视讨论中，"气候变化"仅被提到一次，而且在场的权威人士根本没有讨论这个话题。

在不否认北极地区经济潜力的前提下，我们显然需要严格的经济分析来确定北极环境变化的全球影响和成本。世界经济论坛可以帮助大力投资这种新的综合性系统的经济评估方法——这种评估会考虑像北极的物理变化和生态系统变化等因素对全球经济的影响。世界经济论坛还可利用其巨大的号召力要求世界各国领导人考虑环境不断变化的北极带来的全部代价和收益，并将经济重心从航运和采矿等短期经济收益转移至那些可能成为经济和生态定时炸弹的因素上。我们已经看到（第九章），单一的反馈就能在一个世纪的时间内造成 37 – 60 万亿美元的损失（主要影响贫穷国家），这会为世界经济造成 70 万亿美元的损失，[3]因此，北极环境变化的代价为我们的全球经济基础造成了巨大的风险。我们可通过把这些成本计入世界经济论坛的《全球风险报告》和国际货币基金组织的《世界经济展望》之中来做出改变，[4]目前这两个组织都尚未认识到这些来自北极的潜在经济威胁。

因此，在确定缓解北极气候变化的科学需求时，我们实际上需要开发一种新的科学方法，即北极综合科学。北极综合科学是人类经济上的战略资产，因为北极发生的事件对我们的生物物理学、政治和经济系统都有着重要影响。若不认识到这一点，经济学家和世界领导人还将继续错失大局。

战争阴云

2013 年我开始写作此书时，人们纪念了半个世纪前死去的约翰·肯尼迪。这让世人再次关注起 1962 年的古巴导弹危机以及可能近在咫尺的核战争。我记得 1962 年 10 月 27 日，时年 14 岁正在看 BBC 新闻的我像父母一样意识到，我们可能都看不到第二天早晨的太阳，而我们在埃塞克斯的半独立宅院连同我们自己以及多数英国人都可能轻易地灰飞烟灭。所有这一切都是因为美国十分关心古巴这个岛国的行为。肯尼迪和赫鲁晓夫的智慧与克制如今也像在 1962 年一样备受称赞，但因为古巴的战略地位就故意将世界带到濒临毁灭的边缘却称不上智慧——而是疯狂。今天，我们为冷战结束和这种对抗不再发生而感到庆贺，尽管美俄还手握大量世界末日武器。现在又新出现很多拥核国，其中不仅包括奉行温和政策的大国，而且还包括以色列、朝鲜和巴基斯坦这样的动荡国家，它们的宗教或政治痴迷若是遭到挑战，很可能就会报之以核武。核威胁比以往任何时候都要大。核战争很可能因为某些双边问题而打响，而气候变化带来的一系列新的压力就可能造成这种问题，从资源和水源的枯竭到粮食生产的崩溃和饥荒的潜在威胁都可能成为导火索。核战争已经出现过了，除非人类的本性发生改变，否则世界将无法彻底摆脱核武器，因为非理性国家跟随理性国家放弃核武器的过程必须存在信任。然而，人性并未改变，如果不是变得更糟的话。亚历山大·索尔仁尼琴（Aleksandr Solzhenitsyn）将 20 世纪描述为"穴居人的世纪"（cave man century），而新的世纪则以我们非法入侵伊拉克为开端，上百万无意义的死难者也几乎不会让世界变得更好。但如果我们无法在不改变人性的前提下完全摆脱核武器，又无法改变人性，那么最终肯定会有人使用核武。气候变化导致的全球压力可能会点燃毁灭人类的火花，这是应对气候变化的另一个关键理由，我们需要团结一致共同协作，而非仅仅是相互对抗的国家集合。避免地球遭受重大破坏的时间已经不多，但一切都还来得及。但如果核战争爆发，留给人类的时间就会瞬间彻底消失。

否认的逆流

20 世纪 80 年代早期，科学家们就认为全球变暖显而易见了，人们普遍认为，一旦向公众和政客们解释了相关事实和机制，各国就会压倒一切地支持必要的国际行动遏制碳排放，并转而采用可再生能源，最终确保地球不会走向全球变化的最严重境地。的确，这个过程似乎正在发生。当时的英国首相玛格丽特·撒切尔（Margaret Thatcher）曾接受过化学领域的专业训练，她很快明白了其中的科学原理，并把处理气候变化所需的国际行动作为其后期首相任期的主要任务。她于 1990 年在英国气象局成立了哈德利气候研究和预测中心（Hadley Centre for Climate Research and Prediction）并力求采取国际行动。撒切尔首相于 1989 年向正在南极破冰船上的我发出信息要求出具一份她能在联合国大会上宣读的极地变化声明，这反映出她对极地重要性的认可。这是她在 1989 年 11 月 8 日引述"一位在驶往南冰洋的船上的英国科学家"的话：

"在如今的极地区域，我们看到了可能是人为引起的气候变化的早期迹象。来自哈雷湾和我搭乘的这艘船上的仪器数据显示，我们目前的臭氧消耗程度与史上最严重时期类似（如果不是更严重的话）。这种局面完全扭转了人们在 1988 年观察到的臭氧恢复情况。这艘船 9 月记录到的臭氧最低值仅为 150 多布森单位（Dobson units），相比之下，同样季节的正常年份记录为 300 多布森单位。这毫无疑问是十分严重的损耗。"

他还报道了海冰变薄的严重程度，他写道，"我们在南极得到的数据证实，形成大部分海冰的单年冰十分单薄，因而很可能无法抵御明显的气候变暖而融化。海洋与大气因海冰而相互隔绝的区域超过 3000 万平方公里。海冰会反射大部分落于其上的太阳辐射，这有助于冷却地球表面。如果海冰面积减少，地球变暖就会因为海洋吸收的额外辐射而加速。"

他继续写道，"这些极地变化的教训是，人类导致的环境或气候变化可能会呈现出自我持续或'失控'的特征……并且可能造成不可逆转的局面。"以上信息来自目前正在南极科考船上思考这些事情并从事研究的科学家们。

这些可能事态的令人震惊的迹象引导我的团队提出了"世界极地观察"这种有趣观点和其他举措，并以此观察世界气候系统，进而理解它是如何发挥作用的。[5]

在 1992 年 6 月的里约地球峰会上，联合国以条约的形式

通过了气候变化框架公约。而早在 1988 年，世界气象组织
（WMO）和联合国环境规划署（UNEP）就成立了政府间气候
变化专门委员会（IPCC），该组织于 1990 年发布了第一份评估
报告。[6]撒切尔夫人在其激动人心的演讲中建议气候变化专门委
员会成为进一步发布评估报告的长期性组织。但随后，她的政
治领导权不再。1990 年，正当撒切尔夫人着手就环境问题开
展国际合作时，她却因为一些原因退出了英国政坛。她的未受
过科学训练的继任者布莱尔、布朗和卡梅伦等在政治上的表现
都很软弱，他们嘴上说着引导国际社会努力应对气候变化却极
少付诸实施。而美国的情况则更为糟糕，两位布什总统作为石
油行业的受益者都积极反对任何威胁该行业霸权的措施，而克
林顿和奥巴马总统的演讲尽管很激动人心，但实际行动也很
少。即便国际社会作出让步取悦美国，它也不愿签署 1997 年
作为减排进程开端的《京都议定书》。比如，这本薄薄的议定
书就免除了军用飞行器的排放限制；美国对此很满意，因为它
的军事飞行比世界其他国家的总和都多，各方都接受这样一个
虚构的说法：军用飞机释放的二氧化碳分子对地球造成的影响
小于民用飞机释放的二氧化碳分子。

　　哥本哈根和德班的联合国气候变化框架公约"峰会"的
失败证明了，比国际社会的迟钝和缺乏政治领导更糟糕的则
是，一些资金充足的恶毒之人和组织正在煽动和蓄意反对人们
采取行动应对气候变化。这些组织专注在媒体上讲故事说，即
便全球变暖的确在发生，我们也无力负担任何改变，他们以此
说服怯懦无知的政客。他们的目标和手法与烟草行业的游说者

如出一辙——即在社会上宣传对相关影响的质疑，进而让老百姓感到困惑并甘愿无所作为。他们不必让人们相信气候变化并没有发生——而只是播种疑虑，因为拯救世界的行动需要努力、成本并带来不安，人们也总是受到蛊惑进而相信，我们真的不需要付诸任何行动。一本与这种运动相关的优秀著作的名字叫做：《贩卖怀疑的商人》（*Merchants of Doubt*）。[7]

根据目前的估计，石油行业和匿名工业家每年对这种否认气候变化的运动的资助达 10 亿美元，这种运动以两种方式展开。首先，他们会锁定气候变化领域里可能直言不讳的真正专家并恶毒攻击这些人。这些攻击者在 2002 年取得了第一次重大成功，以至于当时埃克森美孚公司一个名为兰迪·兰多尔（Randy Randol）的人向白宫提交了一份带有诽谤性质的备忘录，于是，布什总统指示气候变化专门委员会的美国代表团解除了罗伯特·沃森（Robert Watson）教授的该委员会主席一职，接替他的则是一位温和之人。美国能这么做是因为它是气候变化专门委员会的最大资助国。沃森这位活跃而杰出的气候科学家被认为带着危险的情绪行事，特别在 1990 年代后期，他发布了经过修订的最新版气候模型，该模型改进了原有的碳循环处理方式，其得出的结论表明气候变化的速度比之前人们预想的快三分之一。温和的印度人拉金德拉·K. 帕乔里（Rajendra K. Pachauri）后来接替了他的位置，然而，帕乔里也逐渐因为世界面临的严重威胁而变得激进，他最终在 2007 年带领气候变化专门委员会获得诺贝尔和平奖（与阿尔·戈尔共享这一荣誉）。1990 年便成为气候变化专门委员会作者的我也获得了值得骄傲的"诺贝尔和平奖贡献奖"证书，签发者为帕乔尼和气候变化专门委员会秘书"R. 克莱斯特（R. Christ）"，后者的签名给人的感觉近乎圣洁。我还收到了一枚塑料翻领徽章，其黏性之差甚至我和其他我认识的科学家都从未佩戴过它。

气候变化否定者的第二个攻击目标则是直到最近仍担任美国航空航天局戈达德太空研究所主任的詹姆斯·汉森，他是一位不断公开谈论气候变化危险性大气科学家。此番攻击的策略则是指出汉森曾以官方科学家的身份从事科研的事实，因此他的一切言行都可能被抹黑为不当地耽误了官方的时间成本，而他应该把时间用在科研上。他保住了工作，但受到众人（包括其雇主）的大量骚扰，一本信息量很大且骇人听闻的关于科学审查的著作详细描述了这些情节。[8]

而气候变化否定者在英国的主要执行机构则是英国前财政大臣劳森爵士（Lord Lawson）于 2009 年建立的险恶组织。该组织名为全球变暖政策基金会，其资金来源不详。该基金会的董事为班尼·派泽（Benny Peiser），该人因以前在利物浦约翰莫尔斯大学任体育科学讲师时混得了气候领域的专家资格。尽管该组织比较隐秘，成员也缺乏科学信誉，但它仍成功地让英国现政府放弃了成为"史上最环保政府"的主张，进而将应对气候变化的措施描述为"绿色垃圾"。2009 年曾出现过"气候门事件"。东英吉利大学气候研究部门（该部门也是世界最受尊敬的气候研究中心）的上千封私人邮件被黑客蓄意窃取，接着，这些邮件被俄罗斯境内资金来源不明的专业黑客组织迅速扫描。少数略显尴尬的邮件被寡廉鲜耻的媒体大肆宣传，好像它们发现了重大阴谋似的。黑客攻击这个真正的阴谋却未受到调查和惩罚。

我个人也于 2012 年开始经历人身攻击。英国广播公司在 2012 年 9 月夏季海冰面积达到有史以来最低值的时候做了一个关于夏季海冰撤退的影片，我和其他人都在这部影片中接受了采访，我们还展示了海冰消退的卫星地图。该影片计划于 2012 年 9 月 5 日播出，紧接着还举办了演播室讨论，因为英国广播公司决定支持和反对的"双方"意见都应得到呈现。气候科学家整个团体的代表是新近被任命为绿党主席的娜塔莉·本内特（Natalie Bennett），她本身不偏不倚但却对北极一无所知。而气候变化否定者的小团体则由议员彼得·利利（Peter Lilley，前托尼政府的一名部长）代表，当时他刚刚发布了受劳森基金会赞助的报告，该报告建议大家不要采取任何行动干预气候变化并忽略斯特恩的评估。他声称自己是被骗到英国广播公司的，而英国广播公司的报道也属捏造（尽管海冰撤退的卫星图像已作为事实得以呈现），他还声称我是"出了名的杞人忧天之人"，这一诽谤他重复了五次。他还鼓吹自己比我更了解气候变化的情况，因为他引用气候变化专门委员会 2007 年的评估报告得出结论说，夏季海冰直到 21 世纪末才会消失。尽管利利是主要在中亚国家开展业务的克能石油公司（Tethys Petroleum）的副总裁，但他最终还是进入了下议院环境与气候委员会，这一有利位置让他能够左右气候变化的立法。因此，劳森爵士的隐秘基金会在强大的政府委员会中收获了一个代理人。不止利利——还有很多人处于类似位置，美国共和党中尤其如此，但他的确造成了混乱并做了失实陈述，进而导致公众在人类生存的巨大威胁面前无动于衷。

现在，劳森的全球变暖政策基金会在极少数论辩场合稍微修改先前矢口否认气候变化的立场。它在不承认人为因素引起了气候变化的前提下同意气候可能在变化，但它会说应对这种变化的办法是适应而非缓解。"缓解"意味着人们试图对气候变化的源头做出一些干预，无论是减排还是找到去除大气中温室气体的办法，或者通过地球工程应对太阳辐射。"适应"则实际上意味着"我们由它去，忍着吧"。问题在于，如果我们坐视不管，地球变暖的幅度（即便按照气候变化专门委员会的保守模型估计，到世纪末会增温4℃）对地球生命的维持而言将是灾难性的。在不干预二氧化碳排放的情况下，气候变暖在2100年之后还将持续并达到更高的水平。

公开陈述气候变化对世界构成威胁这一事实的科学家为国家安全提出了挑战，并且引发了社会反响。英国环境、食品和农村事务部（DEFRA）首席科学顾问伊恩·博伊德（Ian Boyd）表示，科学家应该避免"暗示政策是对还是错"，并且应该"与嵌入式顾问（比如我自己）一道在公共领域发出理性的声音而非异议"。这种傲慢的说法预设了博伊德的智慧过人以及他自己总会"向权力讲真话"。但这席话仗着英国政府的研究合同而对科学家指手画脚让其态度愈加恶劣。在最近的政治变化之前，加拿大和澳大利亚等国政府在压制科学研究方面比英国政府有过之而无不及，大量环境科学家遭到开除，这让确定气候引起的环境变化程度的研究根本无法进行。拯救世界于气候变化的关键决策明显应由政府制定。但不幸的是，一些政府更感兴趣在科学研究可能得出不同意见时打压科学研究，而非继续推进研究决策。

罗伯特·P.埃伯利（Robert P. Abele）教授有力地回应了气候变化的否定者们强调的适应观点：

> 我们对地球的暴虐行为导致它行将陷入死寂，这也意味着我们对自己的暴力相向和自取灭亡。死寂的星球也会让人类死亡，而一个心理上和/或伦理上对这种人间暴力的后果麻木不仁的民族和/或其领导人也无法长期生存下去。

或者，就像西雅图酋长（Chief Seattle）一个世纪之前痛陈的那样：

> 万物彼此关联。降临地球之事也会令地球之子承受。

毁灭地球就是毁灭我们自己。我们无处可逃。再无另一个地球。我们不仅会向冰川作别，更会向生命作别。

准备战斗

我会假定本书的大部分读者都是热心且聪明的公民，而不一定是科学家。我们在个人和集体层面能做些什么拯救世界的尝试呢？自然，可做之事很多，但我会挑出少数可能真正改变局面的行动。

首先，我们应在力所能及的范围内，竭尽所能反对气候变化否定者和那些希望我们无所作为，并期盼所有异议消失的人所鼓吹的卑劣谎言和谣言。但谣言并不会消失。我们还尤其要警惕上至总理在内的所有政客的花言巧语，并注意他们言行间的明显异常。他们在巴黎签署完庄严的国际协议准备大幅削减碳排放，随后便撤销太阳能电力的上网电价补贴（feed-in tariff），也不再支持可再生能源的研发工作，并通过水力压裂法扩大化石燃料的使用，至此，你们就知道他们都是些伪君子了，你可以指出议员是自己选出的，如果他们不恪尽职守就会失去你们的选票。研究气候变化的科学家应该首先站出来发言并准备好学术生涯受到影响和无法获得荣誉的风险。至少科学家们不用再像异教徒一样受到火刑的惩罚，并且，随着气候变化的现实开始让人清醒，有勇气说真话的科学家们就应该受到尊重而非遭受糟糕的对待和威胁。

其次，在你自己的生活中采取一切可能的措施减少不必要的能源使用，特别是化石燃料。为何越来越多的家庭不再隔热？这是你为你的房子能做的最有能源效率的事情，而不情愿的政府也会不时为你提供资助。驾驶经济型汽车或骑自行车——电动自行车也能有效解决城镇或市区的多数通勤或其他出行任务。即便没有补贴，你也可以在自家屋顶安装太阳能电池板。

第三，坚持政府在全国范围内改变发电方式。英国在这方面尤为落后。直到 2015 年，我们所用能源的 82% 仍来自化石燃料。英国是波浪能和洋流发电的世界级领导者，也有应用这些新观念的海洋环境，比如波涛汹涌的西海岸，奥克尼郡的快速洋流以及塞文孔洞（Severn bore）等。然而，正如我在《水下技术》（Underwater Technology）杂志中指出的那样，政府仅提供少量资金支持开发这些新能源系统的先驱者。[9]直到最近，值得称赞的创新型波浪能公司还因为缺乏支持而关张。[10]英国有大量风力资源但却从未试图制造风力发电机，丹麦因此抢占先机。太阳能光伏发电正变得越来越便宜，该技术不仅适用于家庭以及太阳能农场，甚至对灰蒙蒙的英国也适用。能量储存是这项技术面临的真正问题（晚上没有阳光），但这个问题也快解决了，比如使用容量更大的电池和电流转换系统，这种系统会在外部燃料箱中以化学液体的形式储存能量，它的工作原理类似油箱，后者储存能量的多少仅受其尺寸限制。迈克尔·阿齐兹（Michael Aziz）教授率领的哈佛实验室于 2014 年成功推出一款使用醌类物质（一种有机化合物）作为流体的电流转换系统。[11]将这些创新方案付诸实施需要政府的全力支持。任何因财政紧缩而哭穷（正如英国一样）的做法都不符合实际，因为可再生能源是——实际上也必须是——未来的能量来源，因此我们必须适应并引领这种改变，如此，我们本国的行业才能发展新技术。

再者，举国上下都不要害怕核电。它实际上是基础能源的强大源头，它能照亮世界却没有碳排放。要警惕英国式畏缩不前的做法，这导致我们从法国（或者中国？）购买了过时而危险的水冷反应堆，其建造时间需要 10 年。过去 40 年中发生的所有可怕的核事故——三里岛、切尔诺贝利、福岛——都源于水缓和反应堆（water-moderated reactors）中复杂的冷却系统。还有两个更好的机会摆在我们眼前。一是一家德国财团在 20世纪 60 年代发明的球床反应堆（pebble bed reactor），它大体上就是一个塔，其顶部放置燃料元件融合成惰性球状物。核反应发生在塔内，惰性气体则充当冷却剂，使用过的球从底部排出。这种反应堆很简单而不太可能发生故障，它的建造尺度从大型发电站到小型局部能源系统不等。南非进一步发展了这种反应系统，但随后又放弃了，而中国正在继续研发。另一个机会则是以钍 –232 作为裂变材料的钍反应堆（thorium reactor）。钍在核电发展初期是铀的强大竞争对手。铀反应堆仅仅因为最初以军用潜艇反应堆为基础设计而来才变得普遍，潜艇必须使用铀来获取电力设施的迅速灵活性。[12]钍比铀便宜，其优点在于它的裂变产物没有军事用途，因此，这些反应堆被那些令我们担忧的政权使用也没问题。

　　正如我所说，国际上极端重要的事则是进行一项关于地球工程和二氧化碳清除的大型科学、技术研究项目。地球工程对逆转全球变暖趋势而言是必要的，因为我们几乎不可能快速减少碳排放，但我们需要解决科学、工程和治理方面存在的巨大难题才能继续安全地推进这项研究。当然，我们也可以直接建立一些云层增亮系统以及/或者一些气溶胶分配网络并实施它们。比如，斯蒂芬·索尔特就设计了一个敏感度测试用于了解蒸汽喷射系统是否真的具有可观测到的效果。但如果我们对安全的要求更高，那么我们必须在大规模部署之前对地球工程技术的影响进行模拟研究。

最重要的就是找到从大气中去除二氧化碳的办法。为拯救地球，这是我们唯一真正能做之事，因此，我们最好在自己仍具备技术能力且自己的文明还能支持的时候就着手此事。我已经论证了人们建议的各种二氧化碳间接清除技术的所有缺点，这些方法涵盖从碎岩法到生物炭，再到植树造林和碳捕获、储存生物能技术等各个方面。而唯一真正能挽救我们的则是用某种设备直接清除大气中的二氧化碳，这种设备一端吸入普通空气，另一端则排出不含有二氧化碳的空气，做到这一点的成本几近天价。这是化学、物理和技术方面的巨大难题，但再难也难不过人们之前按照仅在实验室观察过的单个原子反应就造出威力无比的炸弹。这是世界面临的最重要问题。如果我们解决了这个问题，人类文明就能延续下去，并且我们也能把精力投入到人口过剩、水资源和粮食短缺以及疾病和战争等其他各种挑战之中。如果我们不解决这个问题，我们的日子也到头了。一路上，我们会告别冰川，但如果我们让大气和气候处于稳定状态，我们的后人就能看见冰川的回归并因此感到惊讶和喜悦。

参考文献

1. 导论：蓝色北极

1. Wadhams, P. (1990), Evidence for thinning of the Arctic ice cover north of Greenland. *Nature*, 345, 795 – 7.

2. Rothrock, D. A., Y. Yu and G. A. Maykut (1999), Thinning of the Arctic sea-ice cover. *Geophysical Research Letters*, 26, 3469 – 72; Wadhams, P. and N. R. Davis (2000), Further evidence of ice thinning in the Arctic Ocean. *Geophysical Research Letters*, 27, 3973 – 5.

3. Wadhams, P. (2009), *The Great Ocean of Truth*. Ely: Melrose Books.

4. Headland, R. K. (2016), Transits of the Northwest Passage to end of the 2013 navigation season. Atlantic Ocean-Arctic Ocean-Pacific Ocean. *Il Polo*, 71 (3), in press.

5. Rothrock, et al., Thinning of the Arctic sea-ice cover.

6. "The ice is in a 'death spiral' and may disappear in the summers within a couple ofdecades", M. Serreze, in *National Geographic News*, 17 Sept. 2008; "There are claims coming from some communities that the Arctic sea ice is recovering, is getting thicker again. That's simply not the case. It's continuing down in a death spiral". M. Serreze, Statement to *Climate Progress*, 9 Sept. 2010.

2. 冰：奇妙的晶体

1. Pauling, L. (1935), The structure and entropy of ice and other crystals with some randomness of atomic arrangement. *Journal of the American Chemical Society*, 57, 2680 – 84.

2. Hobbs, P. V. (1974), *Ice Physics*. Oxford: Clarendon Press. See also Petrenko, V. F. and R. W. Whitworth (1999), *Physics of Ice*. Oxford: Oxford University Press; Chaplin, M. (2016), Water structure and sci-ence. www. lsbu. ac. uk/water/ice_ phases. html.

3. Weeks, W. F. and S. F. Ackley (1986), The growth, structure and properties of sea ice. In Norbert Untersteiner, ed., *The Geophysics of Sea Ice*, New York: Plenum, pp. 9 – 164.

4. Woodworth-Lynas, C. and J. Y. Guigné (2003), Ice keel scour marks on Mars: evidence for floating and grounding ice floes in Kasei Valles. *Oceanography*, 16 (4), 90 – 97.

3. 地球冰川简史

1. Kirschvink coined the phrase Snowball Earth in a short paper, Kirschvink, J. L. (1992), Late Proterozoic low-latitude global glaciation: the snowball Earth. In J. W. Schopf and C. Klein, eds., *The Proterozoic Biosphere—a Multidisciplinary Study*. Cambridge: Cambridge University Press, pp. 51 – 2. Subsequent strong support for Snowball Earth came from Hoffman, P. F., A. J. Kaufman, G. P. Halverson and D. P. Schrag (1998), A Neoproterozoic snowball Earth. *Science*, 281, 1342 – 6.

2. Turco, R. P., O. B. Toon, T. P. Ackerman, J. B. Pollack and Carl Sagan (1983), Nuclear Winter: Global consequences of multiple nuclear explosions. *Science*, 222 (4630), 1283 – 92.

4. 冰期的现代循环

1. Stothers, R. B. (1984), The Great Tambora eruption in 1815 and its aftermath. *Science*, 224 (4654), 1191 – 8.

2. Croll, J. (1875), *Climate and Time in their Geological Relations; a Theory of Secular Changes of theEarth's Climate*. Reprinted 2013 by Cambridge University Press, Cambridge Library Collection.

3. Wasdell, D. (2015), Facing the Harsh Realities of Now. www. apollo-gaia. org.

4. Mann, M. E., R. S. Bradley and M. K. Hughes (1999), Northern hemi-

sphere temperatures during the past millennium: inferences, uncertainties and limitations. *Geophysical Research Letters*, 26, 759 – 62.

5. Arenson, S. (1990), *The Encircled Sea. The Mediterranean Maritime Civilisation*. London: Constable.

6. Tzedakis, P. C., J. E. T. Charnell, D. A. Hodell, H. F. Kleinen and L. C. Skinner (2012), Determining the natural length of the current interglacial. *Nature Geoscience*, doi: 10. 1038/ngeo1358.

7. Ganopolski, A., R. Winkelmann and H. J. Schellnhuber (2016), Critical insolation—CO_2 relation for diagnosing past and future glacial inception. *Nature*, doi: 10. 1038/nature16494.

5. 温室效应

1. Houghton, Sir John (2015), *Global Warming: The Complete Briefing*, 5th edn. Cambridge: Cambridge University Press.

2. Arrhenius, S. (1896), On the influence of carbonic acid in the air upon the temperature of the ground. *Philosophical Magazine and Journal of Science*, 41, 237 – 76.

3. Wasdell, D. (2014), *Sensitivity and the Carbon Budget: The Ultimate Challenge of Climate Science*. www. apollo-gaia. org.

4. Farman, J. C., B. G. Gardiner and J. D. Shanklin (1985), Large losses of total ozone in Antarctica reveal seasonal ClOx/NOx interaction. *Nature*, 315, 207 – 10.

5. Norval, M., R. M. Lucas, A. P. Cullen, F. R. de Grulil, J. Longstreth, Y. Takizawa and J. C. van der Leun (2011), The human health effects of ozone depletion and interactions with climate change. *Photochem. Photobiol. Sci.*, 10 (2), 199 – 225.

6. Molina, M. J. and F. S. Rowland (1974), Stratospheric sink for chlorofluoromethanes: chlorine atom-catalysed destruction of ozone. *Nature*, 249, 810 – 12. There is a more complete account in Rowland, F. S. and M. J. Molina (1975), Chlorofluoromethanes in the environment. *Reviews of Geophysics and Space Physics*, 13, 1 – 35.

7. Wasdell, D. (2015), *Facing the Harsh Realities of Now*. www. apollo-gaia.

org.

8. Screen, J. A. and I. Simmonds (2010), The central role of diminishing sea ice in recent Arctic temperature amplification. *Nature*, 464, 1334 – 7.

6. 海冰开始融化

1. Scoresby, William Jr (1820), *An Account of the Arctic Regions With a History and Description of the Greenland Whale-Fishery*. 2 vols. London: Constable (reprinted 1968, David and Charles, Newton Abbot).

2. Kelly, P. M. (1979), An Arctic sea ice data set 1901 – 1956. *Glaciological Data*, 5, 101 – 6, World Data Center for Glaciology, Boulder, Colo.

3. Parkinson, C. L., J. C. Comiso, H. J. Zwally, D. J. Cavalieri, P. Gloersen and W. J. Campbell (1987), *Arctic Sea Ice*, 1973 – 1976: *Satellite Passive-Microwave Observations*. Washington, DC: National Aero-nautics and Space Administration, SP – 489.

4. Wadhams, P. (1981), Sea-ice topography of the Arctic Ocean in the region 70°W to 25°E. *Phil. Trans. Roy. Soc.*, *London*, A302 (1464), 45 – 85; Comiso, J. C., P. Wadhams, W. B. Krabill, R. N. Swift, J. P. Crawford and W. B. Tucker (1991), Top/bottom multisensor remote sensing of Arctic sea ice. *Journal of Geophysical Research*, 96 (C2), 2693 – 709.

5. Wadhams, P. (1990), Evidence for thinning of the Arctic ice cover north of Greenland. *Nature*, 345, 795 – 7.

6. Rothrock, D. A., Y. Yu and G. A. Maykut (1999), Thinning of the Arctic sea-ice cover. *Geophysical Research Letters*, 26, 3469 – 72.

7. Wadhams, P. and N. R. Davis (2000), Further evidence of ice thinning in the Arctic Ocean. *Geophysical Research Letters*, 27, 3973 – 5.

8. Polyakov, I. V., J. Walsh and R. Kwok (2012), Recent changes of Arctic multiyear sea-ice coverage and the likely causes. *Bulletin of the American Meteorological Society*, doi: 10. 1175/BAMS – D – 11 – 00070. 1.

9. Morello, S. (2013), Summer storms bolster Arctic ice. *Nature*, 500, 512.

10. Parkinson, C. L. and J. C. Comiso (2013), On the 2012 record low Arctic sea ice cover. Combined impact of preconditioning and an August storm. *Geophysical Research Letters*, 40, 1 – 6.

11. Zhang, J., R. Lindsay, A. Schweiger and M. Steele (2013), The impact of an intense summer cyclone on 2012 Arctic sea ice extent. *Geophysical Research Letters*, 40 (4), 720 – 26.

12. Maslowski, W., J. C. Kinney, M. Higgins and A. Roberts (2012), The future of Arctic sea ice. *Annual Reviews of Earth and Planetary Science*, 40, 625 – 54.

13. Macovsky, M. L. and G. Mechlin (1963), A proposed technique for obtaining directional wave spectra by an array of inverted fathometers. In *Ocean Wave Spectra*, Proceedings of a Conference held at Easton, Maryland, 1 – 4 May 1961. Englewood Cliffs: Prentice-Hall, pp. 235 – 45.

14. Wadhams, P. (1978), Wave decay in the marginal ice zone measured from a submarine. *Deep-Sea Research*, 25 (1), 23 – 40.

15. MIZEX Group (33 authors, inc. P. Wadhams) (1986), MIZEX East: The summer marginal ice zone program in the Fram Strait/Greenland Sea. EOS, *Transactions of the American Geophysical Union*, 67 (23), 513 – 17.

7. 北极海冰的未来——死亡螺旋

1. Laxon, S. W. et al. (2013), CryoSat – 2 estimates of Arctic sea ice thickness and volume. *Geophysical Research Letters*, 40, 732 – 7.

2. Rothrock, D. A., D. B. Percival and M. Wensnahan (2008), The decline in Arctic sea-ice thickness: separating the spatial, annual and interan-nual variability in a quarter century of submarine data. *Journal of Geophysical Research Oceans*, 113, C05003.

3. Kwok, R. (2009), Outflow of Arctic Ocean sea ice into the Greenland and Barents Seas: 1979 – 2007. Journal of Climate, 22, 2438 – 57; Polyakov, I. V., J. Walsh and R. Kwok (2012), Recent changes of Arctic multiyear seaice coverage and the likely causes. *Bulletin of the American Meteorological Society*, doi: 10. 1175/BAMS – D – 11 – 00070. 1.

4. Tietsche, S., D. Notz, J. H. Jungclaus and J. Marotzke (2011), Recovery mechanisms of Arctic summer sea ice. *Geophysical Research Letters*, 38, 1 – 02707.

5. IPCC (2013), *Climate Change* 2013. *The Physical Science Basis. Working*

*Group*1 *Contribution to the Fifth Assessment Report of the Intergovernmental Panel on Climate Change. Summary for Policymakers.* Cambridge: Cambridge University Press, p. 21.

6. Wadhams, P. (2014), The "Hudson – 70" Voyage of Discovery: First Circumnavigation of the Americas. In D. N. Nettleship, D. C. Gordon, C. F. M. Lewis and M. P. Latremouille, *Voyage of Discovery*, *Fifty Years of Marine Research at Canada's Bedford Institute of Oceanography.* Dartmouth: BIO-Oceans Association, pp. 21 – 8.

7. Humpert, M. (2014), Arctic Shipping: an analysis of the 2013 Northern Sea Route season. *Arctic Yearbook* 2014, Calgary: Arctic Institute of North America. See also Arctic Council (2009), *Arctic Marine Shipping Assessment* 2009 *Report.*

8. National Research Council of the National Academies (2014), *Responding to Oil Spills in the U. S. Arctic Marine Environment.* Washington, DC: National Academies Press.

9. Wadhams, P. (1976), Oil and ice in the Beaufort Sea. *Polar Record*, 18 (114), 237 – 50.

8. 北极反馈的加速效应

1. Maykut, G. A. and N. Untersteiner (1971), Some results from a time-dependent thermodynamic model of Arctic sea ice. *Journal of Geophysical Research*, 76 (6), 1550 – 75.

2. Perovich, D. K. and C. Polashenski (2012), Albedo evolution of seasonal Arctic sea ice. *Geophysical Research Letters*, 39 (8), doi: 10. 1029/2012GL051432.

3. Pistone, K., I. Eisenman and V. Ramanathan (2014), Observational determination of albedo decrease caused by vanishing Arctic sea ice. *Proceedings of the National Academy of Sciences*, (9), 3322 – 6.

4. Rignot, E. and P. Kanagaratnam (2006), Changes in the velocity structure of the Greenland ice sheet. *Science*, 311 (5763), 986 – 90.

5. McMillan, M., A. Shepherd, A. Sundal, K. Briggs, A. Muir, A. Ridout, A. Hogg and D. Wingham (2014), Increased ice losses from Antarctica detected by CryoSat – 2. *Geophysical Research Letters*, 41, 3899 – 905.

6. Wadhams, P. and W. Munk (2004), Ocean freshening, sea level rising, sea ice melting. Geophysical Research Letters, 31, L11311, doi: 101029/2004GLO20039.

7. Quinn, P. K., A. Stohl, A. Arneth, T. Berntsen, J. F. Burkhart, J. Christensen, M. Flanner, K. Kupiainen, H. Lihavainen, M. Shepherd, V. Shevchenko, H. Skov and V. Vestreng (Arctic Monitoring and Assessment Programme (AMAP)) (2011), *The Impact of Black Carbon on Arctic Climate*. Oslo: Arctic Monitoring and Assessment Programme (AMAP).

9. 北极甲烷，正在发生的灾难

1. Westbrook, G. K. et al. (2009), Escape of methane gas from the seabed along the West Spitsbergen continental margin. *Geophysical Research Letters*, 36 (15), doi: 10. 1029/2009GL039191.

2. Shakhova, N., I. Semiletov, A. Salyk and V. Yusupov, (2010), Extensive methane venting to the atmosphere from sediments of the East Siberian Arctic Shelf. *Science*, 327, 1246.

3. Dmitrenko, I. A., S. A. Kirillov, L. B. Tremblay, H. Kassens, O. A. Anisimov, S. A. Lavrov, S. O. Razumov and M. N. Grigoriev (2011), Recent changes in shelf hydrography in the Siberian Arctic: Potential for subsea permafrost instability. *Journal of Geophysical Research*, 116, C10027, doi: 10. 1029/2011JC007218.

4. Shakhova, N., I. Semiletov, I. Leifer, V. Sergienko, A. Salyuk, D. Kosmach, D. Chernykh, C. Stubbs, D. Nicolsky, V. Tumskoy and Ö Gustafsson (2013), Ebullition and storm induced methane release from the East Siberian Arctic Shelf. *Nature Geoscience*, 7, doi: 0. 1038/NGE02007; Frederick, J. M. and B. A. Buffett (2014), Taliks in relict submarine permafrost and methane hydrate deposits: Pathways for gas escape under present and future conditions. *Journal of Geophysical Research Earth Surface*, 119, 106 – 22, doi: 10. 1002/2013JF002987.

5. Whiteman, G., C. Hope and P. Wadhams (2013), Vast costs of Arctic change. *Nature*, 499, 401 –3.

6. Hope, C. (2013), Critical issues for the calculation of the social cost of CO_2.

why the estimates from PAGE09 are higher than those from PAGE2002. *Climatic Change*, 117, 531 - 43.

7. Stern, Sir Nicholas (2006), *The Economics of Climate Change*. Lon-don: HM Treasury.

8. Overduin, P. P., S. Liebner, C. Knoblauch, F. Günther, S. Wetterich, L. Schirrmeister, H. W. Hubberten and M. N. Grigoriev (2015), Methane oxidation following submarine permafrost degradation: Measure-ments from a central Laptev Sea shelf borehole. *Journal of Geophysical Research. Biogeosciences*, 120, 965 - 78, doi: 10. 1002/2014JG002862.

9. Janout, M., J. Hölemann, B. Juhls, T. Krumpen, B. Rabe, D. Bauch, C. Wegner, H. Kassens and L. Timokhov (2016), Episodic warming of near bottom waters under the Arctic sea ice on the central Laptev Sea shelf. *Geophysical Research Letters*, January 2016, doi: 10. 1002/2015GL066565.

10. Nicolsky, D. J., V. E. Romanovsky, N. N. Romanovskii, A. L. Kholodov, N. E. Shakhova and I. P. Semiletov (2012), Modeling sub-sea permafrost in the East Siberian Arctic shelf: The Laptev Sea region. *Journal of Geophysical Research*, 117, F03028, doi: 10. 1029/2012 JF002358.

10. 异常的天气

1. Francis, J. A. and S. J. Vavrus (2012), Evidence linking Arctic amplification to extreme weather in mid-latitudes. *Geophysical Research Letters*, 39, L06801, doi:. 10. 1029/2012GL051000.

2. Overland, J. E. (2016), A difficult Arctic science issue: mid-latitude weather linkages. *Polar Science*, in press.

3. National Academy of Sciences (2014), *Linkages Between Arctic Warming and Mid-Latitude Weather Patterns*. Washington, DC: National Academies Press.

4. Cohen, J., J. A. Screen, J. C. Furtado, M. Barlow, D. Whittleston, D. Coumou, J. Francis, K. Dethloff, D. Entekhabi, J. Overland and J. Jones (2014), Recent Arctic amplification and extreme mid-latitude weather. *Nature Geoscience*, 7 (9), 627 - 37, doi: 10. 1038/nge02234.

5. Ghatak, D., A. Frei, G. Gong, J. Stroeve and D. Robinson (2012), On

the emergence of an Arctic amplification signal in terrestrial Arctic snow extent. *Journal of Geophysical Research*, 115, D24105.

6. Overland, J. E. and M. Wang (2010), Large-scale atmospheric circulation changes are associated with the recent loss of Arctic sea ice. *Tellus A*, 62, 1 – 9.

7. Liu, J., C. A. Curry, H. Wang, M. Song and R. M. Horton (2012), Impact of declining Arctic sea ice on winter snowfall. *Proceedings of the National Academy of Sciences*, 109, 4074 – 9, doi: 10. 1073/pnas. 1114910109.

8. Screen, J. A. and I. Simmonds (2013), Exploring links between Arctic amplification and mid-latitude weather. *Geophysical Research Letters*, 40, 959 – 64, doi: 10. 1002/grl. 50174.

9. Grassi, B., G. Redaelli and G. Visconti (2013), Arctic sea-ice reduction and extreme climate events over the Mediterranean region. *Journal of Climate*, 26, 10101 – 10, doi: 10. 1175/JCLI – D – 12 – 00697. 1.

10. wu, B., D. Handorf, K. Dethloff, A. Rinke and A. Hu (2013), Winter weather patterns over northern Eurasia and Arctic sea ice loss. *Monthly Weather Review*, 141, 3786 – 800, doi: 10. 1175/MWR – D – 13 – 00046. 1.

11. Wilkins, Sir Hubert (1928), *Flying the Arctic*. New York: Grosset and Dunlap.

12. Haberl, H., D. Sprinz, M. Bonazountas, P. Cocco, Y. Desaubies, M. Henze, O. Hertel, R. K. Johnson, U. Kastrup, P. Laconte, E. Lange, P. Novak, I. Paavolam, A. Reenberg, S. van den Hove, T. Vermeire, P. Wadhams and T. Searchinger (2012), Correcting a fundamental error in greenhouse gas accounting related to bioenergy. *Energy Policy*, 45, 18 – 23.

13. Arnell, N. W. and B. Lloyd-Hughes (2014), The global-scale impacts of climate change on water resources and flooding under new climate and socioeconomic scenarios. *Climatic Change*, 122, 1 – 2, 127 – 40, doi: 10. 1007/S10584 – 013 – 0948 – 4.

11. 大洋烟囱的隐秘世界

1. Marshall, J. and F. Schott (1999), Open-ocean convection: observations,

theory and ideas. *Reviews of Geophysics*, 37, 1–63.

2. Scoresby, William Jr (1820), *An Account of the Arctic Regions With a History and Description of the Greenland Whale-Fishery*. 2 vols. London: Constable (reprinted 1968, David and Charles, Newton Abbot).

3. Wilkinson, J. P. and P. Wadhams (2003), A salt flux model for salinity change through ice production in the Greenland Sea, and its relation-ship to winter convection. *Journal of Geophysical Research*, 108 (C5), 3147, doi: 10. 1029/2001JC001099.

4. MEDOC Group (1970), Observations of formation of deep-water in the Mediterranean Sea, 1969. *Nature*, 227, 1037–40.

5. Wadhams, P., J. Holfort, E. Hansen and J. P. Wilkinson (2002), A deep convective chimney in the winter Greenland Sea. *Geophysical Research Letters*, 29 (10), doi: 10. 1029/2001GL014306.

6. Budéus, G., B. Cisewski, S. Ronski, D. Dietrich and M. Weitere (2004), Structure and effects of a long lived vortex in the Greenland Sea. *Geophysical Research Letters*, 31, L053404, doi: 10. 1029/2003 62 017983.

7. Wadhams, P., G. Budéus, J. P. Wilkinson, T. Loyning and V. Pavlov (2004), The multi-year development of long-lived convective chimneys in the Greenland Sea. *Geophysical Research Letters*, 31, L06306, doi: 10. 1029/2003GL019017.

8. Wadhams, P. (2004), Convective chimneys in the Greenland Sea: a review of recent observations. *Oceanography and Marine Biology. An Annual Review*, 42, 1–28.

9. De Jong, M. F., H. M. Van Aken, K. Våge and R. S. Pickart (2012), Convective mixing in the central Irminger Sea: 2002–2010. *Deep-Sea Research*, I, 63, 36–51.

12. 南极的现状

1. See website climate. nasa. gov/news/.

2. Rignot, E., J. L. Bamber, M. R. van den Broeke, C. Davis, Y. Li, W. J. van de Berg and E. van Meijgaard (2008), Recent Antarctic ice mass loss from radar interferometry and regional climate modelling. *Nature Geoscience*, 1

(2), 106 – 10.

3. Wadhams, P., M. A. Lange and S. F. Ackley (1987), The ice thickness distribution across the Atlantic sector of the Antarctic Ocean in midwinter. *Journal of Geophysical Research*, 92 (C13), 14535 – 52; Lange, M. A., S. F. Ackley, P. Wadhams, G. S. Dieckmann and H. Eicken (1989), Development of sea ice in the Weddell Sea Antarctica. *Annals of Glaciology*, 12, 92 – 6.

4. Wadhams et al. (1987), The ice thickness distribution across the Atlantic sector of the Antarctic Ocean in midwinter.

5. Ibid.

6. Wadhams, P. and D. R. Crane (1991), SPRI participation in the Winter Weddell Gyre Study 1989. *Polar Record*, 27 (160), 29 – 38.

7. Ackley, S. F., V. I. Lytle, B. Elder and D. Bell (1992), Sea-ice investigations on Ice Station Weddell. I: ice dynamics. *Antarctic Journal of the US*, 27, 111 – 13.

8. Hellmer, H. H., M. Schröder, C. Haas, G. S. Dieckmann and M. Spindler (2008), Ice Station Polarstern (ISPOL). *Deep-Sea Research II*, 55, 8 – 9.

9. Massom, R. A., H. Eicken, C. Haas, M. O. Jeffries, M. R. Drinkwater, M. Sturm, A. P. Worby, X. Wu, V. 1. Lytle, S. Ushio, K. Morris, P. A. Reid, S. G. Warren and I. Allison (2001), Snow on Antarctic sea ice. *Reviews of Geophysics*, 39, 413 – 45; Eicken, H., M. A. Lange, H. -W. Hubberten and P. Wadhams (1994), Characteristics and distribution patterns of snow and meteoric ice in the Weddell Sea and their contribution to the mass balance of sea ice. *Annals of Geophysics*, 12, 80 – 93.

10. Parkinson, C. L. and D. J. Cavalieri (2012), Antarctic sea ice variability and trends, 1979 – 2010, *The Cryosphere*, 6, 871 – 80, doi: 10. 5194/ tc – 6 – 871 – 2012.

11. Zwally, H. J., J. C. Comiso, C. L. Parkinson, W. J. Campbell, F. D. Carsey and P. Gloersen (1983), *Antarctic Sea Ice* 1973 – 1976: *Satellite Passive-Microwave Obsewations*. Washington, DC: NASA, Rept. SP – 459.

12. Bromwich, D. H., J. P. Nicolas, A. J. Monaghan, M. A. Lazzara, L. M. Keller, G. A. Weidne and A. B. Wilson (2013), Central West Ant-

arctica among the most rapidly warming regions on Earth. Southern ocean winter mixed layer. *Nature Geoscience* , 6, 139 – 45.

13. Steig, E. J., D. P. Schneider, S. D. Rutherford, M. E. Mann, J. C. Comiso and D. T. Shindell (2009), Warming of the Antarctic ice-sheet surface since the 1957 International Geophysical Year. *Nature*, 457, 459 – 62.

14. Bromwich et al. (2013), Central West Antarctica among the most rapidly warming regions on Earth.

15. Maksym, T., S. E. Stammerjohn, S. Ackley and R. Massom (2012), Antarctic sea ice-a polaropposite? *Oceanography*, 25, 140 – 51.

16. Zwally, H. J. and P. Gloersen (1977), Passive microwave images of the polar regions and research applications. *Polar Record*, 18, 431 – 50; Steig et al. (2009), Warming of the Antarctic ice-sheet surface.

17. Bagriantsev, N. V., A. L. Gordon and B. A. Huber (1989), Weddell Gyre-temperature maximum stratum. *Journal of Geophysical Research*, 94, 8331 – 4; Gordon, A. L. and B. A. Huber (1990), Southern ocean winter mixed layer. Journal of Geophysical Research, 95, 11655 – 72.

18. www. climate. nasa. gov/news/.

19. Zhang, J. (2014), Modeling the impact of wind intensification on Antarctic sea ice volume. *Journal of Climate*, 27, 202 – 14.

20. Jacobs, S., A. Jenkins, H. Hellmer, C. Giulivi, F. Nitsche, B. Huber and R. Guerrero (2012), The Amundsen Sea and the Antarctic ice sheet. *Oceanography*, 25, 154 – 63.

21. Mengel, M. and A. Levemann (2014), Ice plug prevents irreversible discharge from East Antarctica. *Nature Climate Change*, 4, 451 – 5, doi: 10. 1038.

22. Peterson, R. G. and W. B. White (1998), Slow oceanic teleconnections linking the Antarctic Circumpolar Wave with the tropical ElNino-Southern Oscillation. *Journal of Geophysical Research*, 103, 24573 – 83.

23. Comiso J. C., R. Kwok, S. Martin and A. L. Gordon (2011), Variability and trends in sea ice extent and ice production in the Ross Sea. *Journal of Geophysical Research*, 116, C04021, doi: 10. 1029/2010JC006391.

24. Rind, D., M. Chandler, J. Lerner, D. G. Martinson and X. Yuan

(2001), Climate response to basin-specific changes in latitudinal temperature gradients and implications for sea ice variability. *Journal of Geophysical Research*, 106, 20161 – 73.

25. Wilson, A. B., D. H. Bromwich, K. M. Hines and S. -H. Wang (2014), El Nino flavors and their simulated impacts on atmospheric circulation in the high-southern latitudes. *Journal of Climate*, 27, 8934 – 55, doi: 10. 1175/JCLI – D – 14 –00296. 1.

26. Francis, J. A. and S. J. Vavrus (2012), Evidence linking Arctic amplification to extreme weather in mid-latitudes. *Geophysical Research Letters*, 39, L0680r, doi:. 10. 1029/2012GL051000.

27. Whiteman, G., C. Hope and P. Wadhams (2013), Vast costs of Arctic change. *Nature*, 499, 401 – 3.

13. 地球的状态

1. Ehrlich, P. R. and A. H. Ehrlich (2014), Collapse: what's happening to our chances? http: //mahb. stanford. edu/blog/collapse – whats – happening – to – our – chances?

2. UN (2015), *World Population Prospects*, *the 2015 Revision*. New York: United Nations Population Division, Department of Economic and Social Affairs.

3. Meadows, D. H, D. L. Meadows, J. Randers and W. W. Behrens Ill (1972), *The Limits to Growth*. Universe Books.

4. MacKay, Sir David J. C. (2009), *Sustainable Energy-Without the Hot Air*. UI T Cambridge Ltd. Available for download, www. withouthotair. com.

5. Paterson, Owen. The State of Nature: Environment Question Time. Conservative Party fringe, Manchester, 29 September 2013.

6. Royal Society (2009), *Geoengineering the Climate: Science, Governance and Uncertainty*. London: Royal Society.

7. Latham, J. (1990), Control of global warming? *Nature*, 347, 339 –40.

8. Salter, S., G. Sortino and J. Latham (2008), Sea-going hardware for the cloud albedo method of reversing global warming. *Philosophical Transactions of the Royal Society*, A366, 3989 –4006.

9. Latham, J., A. Gadian, J. Fournier, B. Parkes, P. Wadhams and J. Chen (2014), Marine cloud brightening: regional applications. *Philosophical Transactions of the Royal Society*, A372, 20140053.

10. Rasch, P., J. Latham and C-C. Chen (2009), Geoengineering by cloud seeding: influence on sea ice and climate system. *Environmental Research Letters*, 4, 045112, doi: 10. 1088/1748 –9326/4/4/045112.

11. Rignot, E., J. Mouginot, M. Morlinghem, H. Senussi and B. Scheuchi (2014), Widespread, rapid grounding line retreat of Pine Island, Thwaites, Smith and Kohler Glaciers, West Antarctica, from 1992 to 2011. *Geophysical Research Letters*, 41, 3502 –9, doi: 10. 1002/2014GL060140.

12. Jackson, L. S., J. A. Crook, A. Jarvis, D. Leedal, A. Ridgwell, N. Vaughan and P. M. Forster (2014), Assessing the controllability of Arctic sea ice extent by sulphate aerosol geoengineering. *Geophysical Research Letters*, 42, 1223 –31, doi: 10. 1002/2014GL062240.

13. Crutzen, P. J. (2006), Albedo enhancement by stratospheric sulfur injections: a contribution to resolve a policy dilemma? *Climatic Change*, 77, 211 –20.

14. Xia, L., A. Robock, S. Tilmes and R. R. Neely III (2016), Stratospheric sulfate engineering could enhance the terrestrial photosynthesis rate. *Atmospheric Chemistry and Physics*, 16, 1479 –89.

15. Williamson, P. (2016), Emissions reduction: scrutinize CO_2 removal methods. *Nature*, 530, 153 –5.

16. Halter, R. (2011), *The Insatiable Bark Beetle*. Victoria BC: Rocky Mountain Books.

14. 行动起来

1. Wasdell, D. (2015), *Facing the Harsh Realities of Now*. www. apollogaia. org.

2. Emmerson, C. and G. Lahn (2012), *Arctic Opening: Opportunity and Risk in the High North*. London: ChathamHouse/Lloyd's Risk Report. www. chathamhouse. org/sites/default/files/public/Research/Energy, % 20Environment % 20and% 20Development/0412arctic. pdf.

3. International Monetary Fund (2013), *World Economic Outlook*, April 2013.

New York: IMF.

4. Ibid.

5. Full text of speech available on website of Margaret Thatcher Foundation, www. margaretthatcher. org.

6. Houghton, J. T., G. J. Jenkins and J. J. Ephraums (eds.) (1990), *Climate Change. The IPCC Scientific Assessment.* Cambridge: Cambridge University Press.

7. Oreskes, N. and E. M. Conway (2010), *Merchants of Doubt: How a Handful of Scientists Obscured the Truth on Issues from Tobacco Smoke to Global Warming.* London: Bloomsbury Press.

8. Bowen, M. (2008), *Censoring Science: Inside the Political Attack on Dr. James Hansen and the Truth of Global Warming.* New York: Dutton Books.

9. Wadhams, P. (2015), New roles for underwater technology in the fight against catastrophic climate change. *Underwater Technology*, 33 (I), 1 – 2.

10. Merry, S. (2016), Outlook for the wave and tidal stream industry in the UK. *Underwater Technology*, 33 (3), 139 – 40.

11. Huskinson, B., M. P. Marshak, C. Suh, E. Süleyman, M. R. Gerhardt, C. J. Galvin, X. Chn, A. Asparu-Guzik, R. G. Gordon and M. J. Aziz (2014), A metal-free organic—inorganic aqueous flow battery. *Nature*, 505, 195 – 8; Lin, K. et al. (2015), Alkaline quinone flow battery. *Science*, 349, 1529.

12. Martin, R. (2012), *Superfuel. Thorium, the Green Energy Source for the Future.* London: Palgrave Macmillan.

致 谢

感谢众多带给我真相、想法和灵感的人。他们包括保罗·贝克威斯（Paul Beckwith）、彼得·卡特（Peter Carter）、弗洛伦斯·菲特尔（Florence Fetterer）、马丁·哈里森（Martin Harrison）、克里斯·霍普（Chris Hope）、查尔斯·肯内尔（Charles Kennel）、丹尼尔·基夫（Daniel Kieve）、西利·马丁（Seelye Martin）、沃尔特·芒克（Walter Munk）、乔恩·尼森（Jon Nissen）、吉姆·奥弗兰（Jim Overland）、汉斯·约阿希姆·舍尔胡贝尔（Hans Joachim Schellnhuber）、戴维·瓦斯德尔（David Wasdell）和盖尔·怀特曼（Gail Whiteman）等人。我非常感谢卡尔·温施（Carl Wunsch）、戴维·瓦斯德尔和撒布汉卡·班纳吉（Subhanleer Banerjee）通读了手稿并提出了宝贵的增补和修改意见。我还应感谢美国海军研究局长期的科研支持，唯此，本书的写作才得以可能；还应感谢意大利卡斯特·德伊特（位于费尔莫）的格拉费彻·费尔诺尼图文设计室的安德里亚·皮祖蒂（Andrea Pizzwti）对插图绘制的帮助。最重要的是，我要感谢担任意大利费尔莫"西尔维奥·扎瓦蒂"北极地理研究所主任的妻子玛丽亚·皮亚·卡萨里尼

（Maria Pia Casarini），感谢她永无止境的支持。

我将本书命名为《永别了，冰川》[①]（为此向欧内斯特·海明威致歉），因为它不仅涉及我们的星球目前正在消失的大量海冰，而且其中还夹杂着我长期职业生涯中的个人经历，我希望以此阐明海冰世界的独特性质及其消失的后果。

第十二章介绍了此前发表过的"南极海冰的变化及其影响：年度海冰循环及其变化"，见《气候变化：行星地球上可观察到的影响》，第二版，特雷弗·莱彻（Trevor Letcher）编（阿姆斯特丹，爱思唯尔出版社，2015 年）。

[①]　汉译本最终将书名定为《最后的冰川》。——编注

图书在版编目（CIP）数据

最后的冰川 / (英) 彼得·沃德姆斯著；李果译. -- 上海：上海文艺出版社，2018(2019.5重印)
（企鹅·鹈鹕丛书）

ISBN 978-7-5321-6740-1

Ⅰ.①最… Ⅱ.①彼… ②李… Ⅲ.①冰川学－研究 Ⅳ.①P343.6

中国版本图书馆CIP数据核字(2018)第136216号

著作权合同登记图字：09-2018-467

出 品 人：陈 征

策划编辑：肖海鸥

责任编辑：方 铁

书 名：最后的冰川
作 者：(英) 彼得·沃德姆斯
译 者：李 果
出 版：上海世纪出版集团 上海文艺出版社
地 址：上海绍兴路7号 200020
发 行：上海文艺出版社发行中心发行
 上海市绍兴路50号 200020 www.ewen.co
印 刷：上海盛通时代印刷有限公司
开 本：787×1092 1/32
印 张：9.5
插 页：13
字 数：190,000
印 次：2018年8月第1版 2019年5月第2次印刷
I S B N：978-7-5321-6740-1/C·0061
定 价：58.00元

告 读 者：如发现本书有质量问题请与印刷厂质量科联系 T：021-37910000